電子回路の基礎

工学博士 竹村 裕夫 著

コロナ社

まえがき

　画像エレクトロニクスを目指す若者が電子回路を学ぼうとするとき，適切な書籍がないことが本書を発行するきっかけとなった。

　東京工芸大学などで教える機会があり，電子回路を学ぼうとする学生に初歩から教えていくと，一通りのことは理解できるが，もう少し深く知ろうとしてもなかなか適切な書籍が見当たらない。

　本書では，CCDカメラを中心とする画像入力技術に関心を持っている学生や若い技術者が，電子回路の基礎から学ぼうとする場合に相応しいように考慮した。また，それらの電子回路がどのように実用できるかを含めて，単に電子回路を理解するだけでなく，楽しく学べるように配慮した。

　そこで，まず電子回路を構成するのに不可欠な各部品レベルから入り，ダイオード，トランジスタの基本動作を理解し，簡単なアナログ電子回路の設計が自分でできるようになるための基本回路を習得する。さらに，増幅回路，変復調回路などアナログ電子回路の基本を述べた。

　本書で学ぶことにより，電子回路の基本を知ったうえで，応用機器の研究開発ができるようになるので，CCDカメラや画像入力技術の応用を中心に映像機器，画像機器などの技術者を目指す人々にとって有益な書籍となることを期待する。

　本書籍の最新の情報は，コロナ社ホームページ（http://www.coronasha.co.jp）のキーワード検索で「電子回路の基礎」と入力し，書籍詳細ページにて取得することができる。

2001年10月

竹村　裕夫

目　　次

1．電子回路の基礎

1.1　アナログとディジタル …………………………………………… 1
　　1.1.1　入出力はアナログ ……………………………………… 1
　　1.1.2　アナログ信号とディジタル信号 ……………………… 2
　　1.1.3　なぜアナログ回路か …………………………………… 2
　　1.1.4　アナログ回路の使われる分野 ………………………… 3
1.2　電子回路の基礎 ………………………………………………… 3
　　1.2.1　基本的な法則 …………………………………………… 3
　　1.2.2　キルヒホッフの法則 …………………………………… 4
　　1.2.3　インピーダンス ………………………………………… 5
　　1.2.4　直列と並列 ……………………………………………… 6
練　習　問　題 ………………………………………………………… 6

2．半　導　体

2.1　半導体の物理的特性 …………………………………………… 8
2.2　n形半導体とp形半導体 ……………………………………… 9
2.3　ダ　イ　オ　ー　ド …………………………………………… 11
　　2.3.1　ｐｎ接合 ………………………………………………… 11
　　2.3.2　整流作用 ………………………………………………… 12
　　2.3.3　電圧-電流特性 ………………………………………… 13
　　2.3.4　ダイオード回路 ………………………………………… 14
　　2.3.5　整流回路 ………………………………………………… 15
　　2.3.6　ダイオードの種類 ……………………………………… 17
練　習　問　題 ………………………………………………………… 19

3. トランジスタ回路

3.1　トランジスタ …………………………………………………………… 21
　　3.1.1　構造と動作の基本 ……………………………………………… 21
　　3.1.2　トランジスタの特性 …………………………………………… 23
　　3.1.3　最大定格 ………………………………………………………… 25
3.2　トランジスタ回路 ……………………………………………………… 28
　　3.2.1　基本回路 ………………………………………………………… 28
　　3.2.2　バイアス回路 …………………………………………………… 30
3.3　電界効果トランジスタ（FET） ……………………………………… 32
　　3.3.1　構造と動作の基本 ……………………………………………… 32
　　3.3.2　CMOS回路 ……………………………………………………… 38
　　3.3.3　LSI ……………………………………………………………… 39
練習問題 ………………………………………………………………………… 39

4. 増幅回路

4.1　増幅回路の基礎 ………………………………………………………… 45
4.2　dB（デシベル）表示 …………………………………………………… 49
4.3　hパラメータ …………………………………………………………… 50
4.4　hパラメータによる特性の求め方 …………………………………… 52
4.5　増幅器の周波数特性 …………………………………………………… 55
4.6　ひずみ …………………………………………………………………… 57
練習問題 ………………………………………………………………………… 60

5. 各種の増幅回路

5.1　負帰還増幅回路 ………………………………………………………… 64
　　5.1.1　増幅度 …………………………………………………………… 65
　　5.1.2　周波数特性 ……………………………………………………… 65
　　5.1.3　エミッタ抵抗による負帰還 …………………………………… 66
　　5.1.4　2段増幅回路の負帰還 ………………………………………… 69
　　5.1.5　エミッタホロワ ………………………………………………… 71

5.2 差動増幅回路 ……………………………………………………… 74
　5.2.1 トランジスタによる差動増幅回路 ………………………… 74
　5.2.2 差動増幅器の特徴 ……………………………………… 77
5.3 演算増幅器 …………………………………………………… 78
　5.3.1 同相増幅回路 ………………………………………… 80
　5.3.2 逆相増幅回路 ………………………………………… 81
5.4 電力増幅回路 ………………………………………………… 82
　5.4.1 A級，B級，C級動作 ……………………………………… 82
　5.4.2 A級電力増幅回路 ……………………………………… 83
　5.4.3 B級プッシュプル電力増幅回路 ……………………… 86
練 習 問 題 …………………………………………………………… 90

6. 各種の電子回路

6.1 発 振 回 路 …………………………………………………… 92
　6.1.1 発振の原理 …………………………………………… 92
　6.1.2 発振回路の種類 ……………………………………… 93
　6.1.3 *LC* 発振回路 ………………………………………… 93
　6.1.4 水晶発振回路 ………………………………………… 96
　6.1.5 *RC* 発振回路 ………………………………………… 98
6.2 変 調 回 路 …………………………………………………… 99
　6.2.1 変調の種類 …………………………………………… 99
　6.2.2 振 幅 変 調 …………………………………………… 100
　6.2.3 周波数変調 …………………………………………… 104
6.3 直流電源回路 ………………………………………………… 108
　6.3.1 整 流 作 用 …………………………………………… 109
　6.3.2 電源の安定化 ………………………………………… 109
練 習 問 題 …………………………………………………………… 110

7. 画像機器への応用

7.1 ダイオードの応用回路 ……………………………………… 112
　7.1.1 CMOSセンサ ………………………………………… 112
　7.1.2 ガンマ補正回路 ……………………………………… 114

7.1.3　ニー特性とホワイトクリップ回路 …………………………… *116*
7.2　雑音除去回路 ……………………………………………………… *116*
　　7.2.1　CDS回路 …………………………………………………… *116*
　　7.2.2　クランプ回路 ……………………………………………… *118*
7.3　輪郭補正回路 ……………………………………………………… *119*
7.4　加　算　回　路 …………………………………………………… *121*
練　習　問　題 ………………………………………………………… *122*

参　考　文　献 ……………………………………………………… *123*
練習問題の解答 ……………………………………………………… *124*
索　　　　　引 ……………………………………………………… *146*

1. 電子回路の基礎

1.1 アナログとディジタル

1.1.1 入出力はアナログ

　ビデオカメラなどの映像機器の主要部分は，ディジタル回路で構成されている場合が多い。ビデオカメラを例にとってみよう。画像入力の基本，光を電気信号に変える光電変換の部分に使われるCCDはアナログ動作である。また，撮像・記録された画像を見るCRTや液晶画面はアナログ表示である。**図1.1**に画像の撮像と表示の一例を示す。

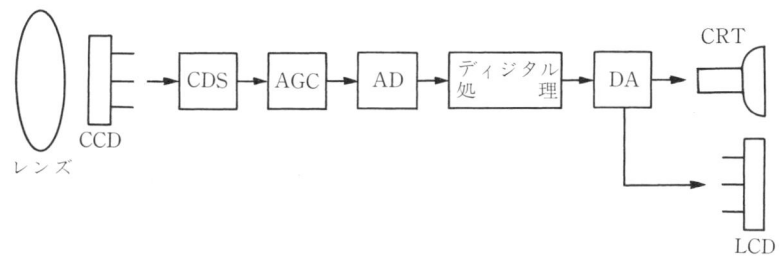

図1.1　ビデオカメラの構成

　このように，世の中，ディジタルがもてはやされていても，画像を撮る，画像を見るという人がかかわる最も大切な部分，つまり入力部と出力部はアナログであることを覚えておこう。

1. 電子回路の基礎

1.1.2 アナログ信号とディジタル信号

アナログ信号とディジタル信号の基本を**図1.2**に示す。一般的に，信号は時間とともに大きさが変化していく。音声信号であれば大きさは音量である。映像信号であれば大きさは明暗の明るさである。アナログ信号とは，図(a)に示すように横軸が時間，縦軸が大きさでいずれもが連続的である。これに対し，図(b)に示すように時間軸，大きさの軸ともに，例えば64個の点でサンプリングして表示すると，64×64のいずれかの点で信号を表すことができる。これがディジタル信号である。縦軸および横軸はそれぞれ64個の点で表示されるから，それぞれ6ビットの信号といえる。

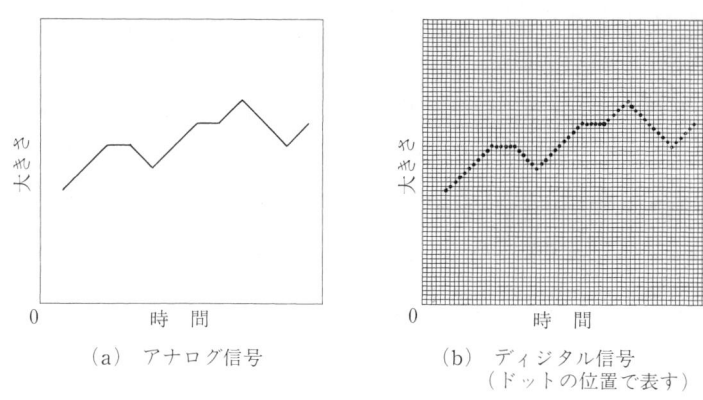

図1.2 アナログ信号とディジタル信号

1.1.3 なぜアナログ回路か

アナログ信号を扱う電子回路をアナログ回路，ディジタル信号を扱う回路をディジタル回路という。

電子回路の考え方はアナログ回路が基本になっている。ダイオードやトランジスタなどの素子の動作を理解するためにはアナログ回路が必要である。そして電子回路の基本である増幅回路をしっかりと理解することが必要である。そこで電子回路を学ぶためにはアナログ電子回路から始めるのが効果的である。

1.1.4 アナログ回路の使われる分野

現在，信号処理の主要回路はディジタル回路が使われることが多い。しかし，入・出力部分はアナログ回路である。自然界と接するインタフェースの部分であり，雑音やひずみの混入がなく，信号を忠実に増幅するという回路技術としては重要な部分を占めている。

入力では，身近なところでは，ディジタルカメラの撮像で使われる CCD，会話のメモや音楽の収録に使われるマイクなどで，微細な信号を増幅する回路がアナログである。ここでは雑音が混入しやすいので，低雑音回路，雑音除去回路が必要である。

出力では，映像信号を表示する CRT や LCD の表示回路や音を再生するスピーカの駆動回路である。これらは CRT やスピーカの特性に合わせてひずみがなく，忠実な信号が再生するようにしなければならない。さらに，好ましい色や，音色が再現できるような味付けも必要になろう。

また，高周波信号を扱う回路はアナログである。一般的にディジタル信号に変換すると周波数帯域は格段に広がってしまう。高周波の信号が扱えるディジタル回路は大きく進歩してきた。しかし，高速信号処理には限界があり，現時点では高周波の分野でアナログ回路の活躍する余地は大きい。

1.2 電子回路の基礎

1.2.1 基本的な法則

常温の導体では，導体の両端に加える電圧 E と導体を流れる電流 I とは比例する（図1.3）。これをオームの法則といい

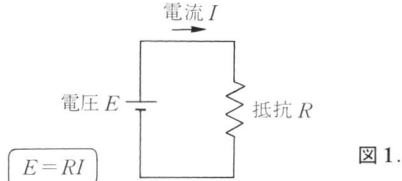

図1.3 オームの法則

$$E = R \times I \tag{1.1}$$

で表される。

ここで，電圧 E の単位は〔V〕（ボルト），電流 I の単位は〔A〕（アンペア）である。また，比例定数 R は抵抗であり，その単位は〔Ω〕（オーム）である。

1827 年にドイツの物理学者であるオーム（G. S. Ohm，1787〜1854）が実験によって確立した法則である。

1.2.2 キルヒホッフの法則

つぎの二つの法則がある。

図 1.4(a) のように，分岐点に流れ込む電流を正，流れ出す電流を負とすると，その分岐点での電流の総和は 0 である。これを電流保存の法則といい，つぎの式で表される。

$$I_1 + I_2 + \cdots + I_n = 0 \tag{1.2}$$

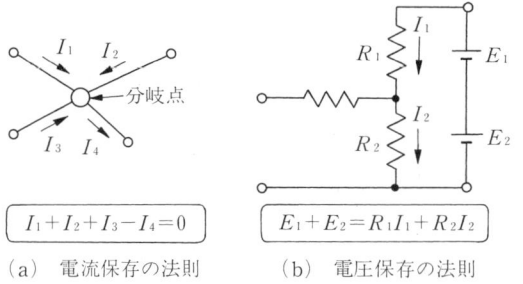

（a）電流保存の法則　　（b）電圧保存の法則

図 1.4　キルヒホッフの法則

また，図(b)の回路の中の起電力の和は各抵抗による電圧降下の和に等しい。これを電圧保存の法則といい，つぎの式で表される。

$$E_1 + E_2 + \cdots + E_n = R_1 \times I_1 + R_2 \times I_2 + \cdots + R_n \times I_n \tag{1.3}$$

1849 年にドイツの物理学者であるキルヒホッフ（G. R. Kirchhoff，1824〜1887）が発表したものである。

1.2.3 インピーダンス

ここまでは簡単に，一定方向に電圧を加え，抵抗を流れる電流も一定方向である直流の場合で説明してきた．しかし，信号を扱う電子回路では信号の大きさ，極性が時間とともに変化し，電流の方向がつねに一定という場合のほうが少ないのである．

電子回路で用いられる基本的な部品には抵抗のほかにコイル，コンデンサがある．これらの部品の両端に交流の電圧 v を加えて電流 i が流れるとき，前述の抵抗に相当するものをインピーダンス Z といい，この場合のオームの法則はつぎの式で表される．

$$v = Z \times i \tag{1.4}$$

一方，各素子に対するインピーダンスは，次式で表される．

$$\left. \begin{array}{ll} 抵　　抗 & Z = R \\ コ イ ル & Z = j\omega L \\ コンデンサ & Z = \dfrac{1}{j\omega C} \end{array} \right\} \tag{1.5}$$

ここでは，j は虚数単位（$= \sqrt{-1}$），$\omega = 2\pi f$（f：周波数）である．L はコイルのインダクタンスで，その単位は〔H〕（ヘンリー），C はコンデンサの静電容量で，その単位は〔F〕（ファラド）である．

直流の場合には $\omega = 0$ となるから，コイルでは $Z = 0$，コンデンサでは $Z = \infty$ となる．実際には過度現象といって，電源を加えた瞬間だけは特殊な現象が起きるが，定常状態になると上記の値を示すことになる．

これらの関係を回路図では**図 1.5** のように表示する．

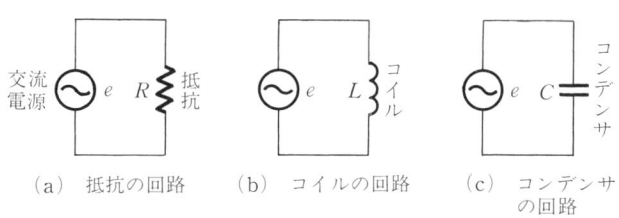

(a) 抵抗の回路　　(b) コイルの回路　　(c) コンデンサの回路

図 1.5　R, L, C の回路図

1.2.4 直列と並列

電子回路では各素子を接続していく場合，直列に接続する場合と，並列に接続する場合がある．図 1.6(a) は直列接続で，この場合の全体の抵抗（合成抵抗）R は

$$R = R_1 + R_2 + \cdots + R_n \tag{1.6}$$

となる．

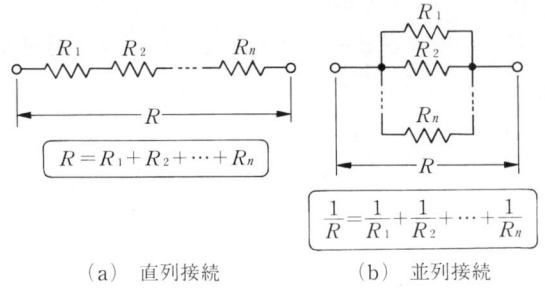

(a) 直列接続　　(b) 並列接続

図 1.6　直列と並列

一方，図(b) は並列接続で，この場合の全体の抵抗（合成抵抗）R は

$$\frac{1}{R} = \frac{1}{R_1} + \frac{1}{R_2} + \cdots + \frac{1}{R_n} \tag{1.7}$$

となる．なお，2個の抵抗 R_1，R_2 を並列に接続したときの合成抵抗 R は

$$\frac{1}{R} = \frac{1}{R_1} + \frac{1}{R_2} = \frac{R_1 + R_2}{R_1 R_2} \tag{1.8}$$

より

$$R = \frac{R_1 R_2}{R_1 + R_2} \tag{1.9}$$

となり，この関係式を使うと計算がしやすい．

練習問題

(1) オームの法則を説明せよ．
(2) キルヒホッフの法則を二つ示し，図を書いて説明せよ．

（3） 12 kΩ と 22 kΩ の抵抗を直列に接続すると，全体の抵抗はいくらになるか。

（4） 12 kΩ と 22 kΩ の抵抗を並列に接続すると，全体の抵抗はいくらになるか。

（5） 10 kΩ，33 kΩ，47 kΩ の抵抗を直列に接続すると，全体の抵抗はいくらになるか。

（6） 10 kΩ，33 kΩ，47 kΩ の抵抗を並列に接続すると，全体の抵抗はいくらになるか。

（7） 15 kΩ と 18 kΩ の抵抗を直列に接続し，その両端に 5 V の電源を接続したとき，流れる電流はいくらか。

（8） 15 kΩ と 18 kΩ の抵抗を並列に接続し，その両端に 5 V の電源を接続したとき，流れる電流はいくらか。また，それぞれの抵抗に流れる電流はいくらか。

（9） 22 kΩ と 33 kΩ の抵抗を並列に接続し，さらに 10 kΩ の抵抗を直列に接続し，全体の回路に電源電圧 5 V を加えた。各抵抗に流れる電流はいくらか。

［標準の抵抗の値］

抵抗の値は，その許容誤差が 10 % の場合に，つぎの数値が標準として用意されている。

　　　10，12，15，18，22，27，33，47，56，68，82

したがって，回路設計の場合も，この標準の抵抗の値を使うことが望ましい。

なお，コンデンサの静電容量やコイルのインダクタンスの場合も同様である。

2. 半導体

ディジタルカメラやVTR,テレビなどには,LSI,トランジスタ,ダイオードなど多くの半導体素子が用いられている。これらの半導体素子を理解するために,まず,半導体の基本的な特徴を理解しよう。

2.1 半導体の物理的特性

半導体(semiconductor)とは文字どおり,抵抗率が絶縁物(insulator)と導体(conductor)の中間に位置するものである。主要な物質の抵抗率を図2.1に示す。

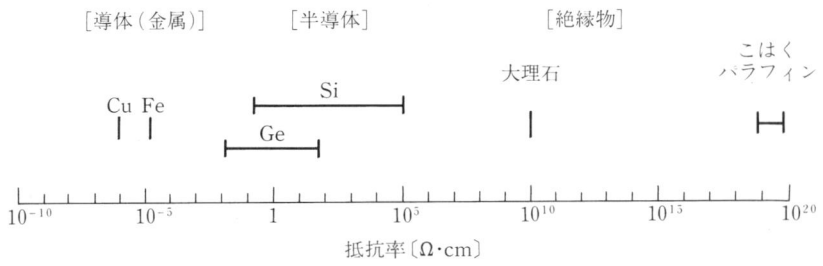

図2.1 抵抗率による物質の分類

導体にはAu,Ag,Cu,Feなどがあり,半導体製品では半導体チップとパッケージとの間を接続するボンディングワイヤにはこれらの導体が用いられる。絶縁物にはガラスやシリコーン(SiO_2)などがある。

半導体はシリコン(Si),ゲルマニウム(Ge)が用いられる。これらは元素

周期律表の第Ⅳ族に属し，**図 2.2** に示すように，最外殻（外側の軌道）に 4 個の電子⊖を持っている。また，第Ⅲ族と第Ⅴ族の元素の化合物も半導体材料として使われる。例えば GaAs，GaP，InSb などである。

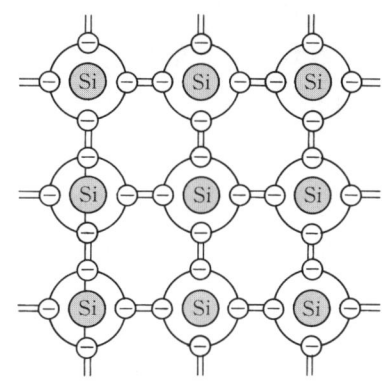

図 2.2 半導体の原子配列

物質は多数の原子が集まってできている。原子は原子核の周りを負の電気を持った電子が周っているという構造をなしている。その原子核は正の電気を持った陽子と電気を持たない中性子で構成される。

外側の軌道を周っている電子は，光や熱などのエネルギーを受けることによって軌道からはずれて原子の間を自由に移動できるようになる。この自由に移動できる電子のことを自由電子という。Cu，Ag などの金属の導体では自由電子が多く，電圧を加えることにより自由電子が容易に動いて電流が流れる状態を作りだしている。

1 cm³ の半導体結晶の中には約 10^{22} 個の原子が含まれている。

2.2　n 形半導体と p 形半導体

LSI などに使用される半導体は高純度に精製された単結晶が基本になる。12 ナインなどといわれるように 99.999 999 999 9％と 9 が 12 以上並ぶような高純度の半導体が必要になる。これを真性半導体という。

通常は，真性半導体中に不純物として少量の原子を添加（ドーピング）した

不純物半導体が使われる。不純物半導体として，PやSbなどの第V族の原子を添加したn形半導体と，GaやInなどの第Ⅲ族の原子を添加したp形半導体とがある。

n形半導体は，図2.3に示すように，最外殻の軌道の電子が5個ある第V族の原子が添加されると自由電子が一つできて，n形の伝導をするようになる。自由電子を作る原子をドナーといい，自由電子を作ったドナー原子はプラスに荷電される。

通常濃度の添加では，Si原子10^7個に対しドナー原子1個程度で，抵抗率は〜5Ω・cmであり，高濃度ではSi原子10^4個に対し，ドナー原子1個程度で，抵抗率は〜0.03Ω・cmである。

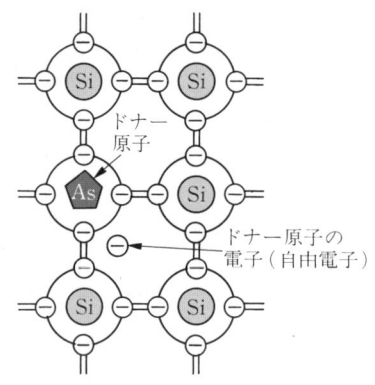
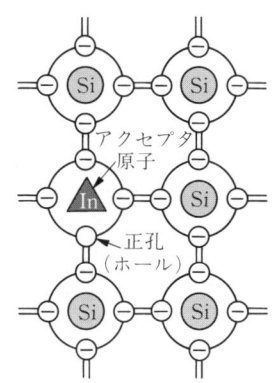

図2.3　n形半導体の自由電子　　　図2.4　p形半導体の正孔

一方，p形半導体は，図2.4に示すように，最外殻の軌道の電子が3個ある第Ⅲ族の原子が添加されると，電子が1個欠けた正孔と呼ばれる孔（ホール）ができる。ここには隣接の電子が飛び込むことができる。すると飛び込んできた電子のあった元の場所には再び正孔ができる。このように，結晶中を正孔が移動するp形の伝導をするようになる。正孔を作る原子をアクセプタといい，電子を正孔に受け取ったアクセプタ原子はマイナスに荷電される。

通常濃度の添加では，Si原子10^6個に対しアクセプタ原子1個程度で，抵抗率は〜2Ω・cmであり，高濃度ではSi原子10^4個に対しアクセプタ原子1個程

度で，抵抗率は～0.05 Ω·cm である。

　半導体中の自由電子や正孔をキャリヤという。n形半導体では電子が正孔より多くなるので，多数キャリヤは電子，少数キャリヤは正孔となる。一方，p形半導体では正孔が電子より多くなるので，多数キャリヤは正孔，少数キャリヤは電子となる。

2.3 ダイオード

　同一の半導体の中で，p形とn形を接合したpn接合を一つ持ったものがダイオードである。ダイオードの電気抵抗は順方向では低く，逆方向では高くなっている。

　この特性を利用して，交流電圧を加えると順方向のみ電流が流れるので，整流作用があり，交流電圧から直流電圧を作る場合に用いられる。また，振幅変調された信号を復調（検波）できる。このほかに，最近では逆バイアスを加えた状態で光を当てると電気信号を発生する光電変換作用や，順方向電圧を加えると光を発生する発光作用が画像機器に広く使われている。

　前者の光電変換作用はビデオカメラやディジタルカメラのセンサとして，CCDやCMOSセンサに広く使われている。一方，後者の発光作用はDVDやCDプレーヤの信号を読み取る光ピックアップに使われている。いずれも性能を決定する要のデバイスで重要な位置を占めている。

2.3.1　pn 接 合

　図2.5に示すように，ダイオードは一つの半導体の中にp形半導体とn形半導体を電気的に接合するように形成し，それぞれに電極をつけた素子である。p形半導体の領域とn形半導体の領域が電気的に接合する部分をpn接合という。

　ダイオードは図2.6の図記号で表す。

　pn接合のメカニズムを説明しよう。図2.7に示すように，p形半導体とn

12   2. 半 導 体

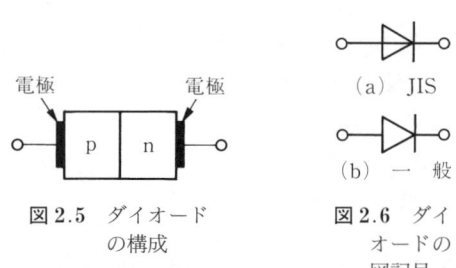

図2.5 ダイオードの構成

図2.6 ダイオードの図記号
(a) JIS
(b) 一般

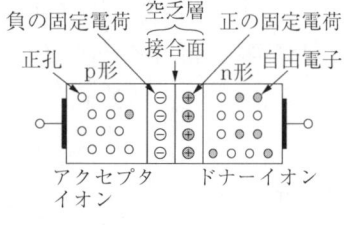

図2.7 pn接合

形半導体の接合部分では，p形半導体中の正孔が拡散によってn形半導体の領域に流れる。ところが，n形半導体中の電子と結合して正孔はただちに消滅してしまう。一方，n形半導体中の電子も拡散によってp形半導体の領域に移動するが，p形半導体中の正孔と結合して消滅する。この結果，接合部近くでは正孔が流れ出てマイナスに荷電された領域と，電子が流れ出てプラスに荷電された領域ができて平衡状態となる。二つの領域はともにキャリヤである正孔と電子が欠乏した領域であり，これを空乏層という。この領域の幅はp形，n形両半導体の濃度によって決まる。

空乏層では空間電荷による電界がキャリヤの拡散を妨げていて，平衡状態のpn接合では電位障壁が形成されている。

2.3.2 整 流 作 用

pn接合に電圧を加えない状態では空乏層ができて，平衡状態が保たれていた。ここに電圧を加えるとどうなるだろうか。

図2.8(a)のように，n形の端子に＋，p形の端子に－の電圧を加える。キャリヤはそれぞれ両電極のほうへ引き寄せられて，空乏層は一層広がり，電位障壁も増加し，電流は遮断されて流れない。この状態を逆方向という。

一方，図(b)のように，n形の端子に－，p形の端子に＋の電圧を加えると，空乏層は消滅してキャリヤはpn接合を通過して電流が流れるようになる。この状態を順方向という。

2.3 ダイオード

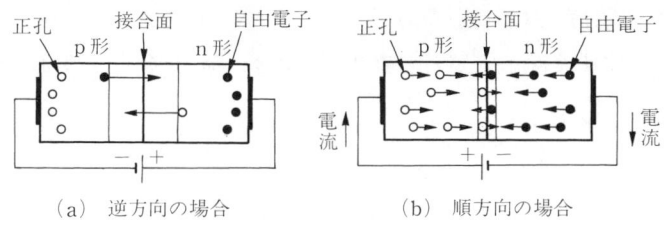

図 2.8　pn 接合に電圧を加えたとき

このように，順方向では電流が流れ，逆方向では電流が遮断され流れなくなる。したがって，この両端に交流電圧を加えると，順方向にだけ電流が流れる整流作用がある。

2.3.3　電圧 - 電流特性

ダイオードに加える電圧と電流の特性は，厳密にはあるしきい値以上になったとき電流が流れるという特性になっており，**図 2.9** のような特性を示す。このしきい値電圧は拡散電圧に相当し，Ge では 0.3〜0.4 V，Si では 0.7〜0.8 V 程度である。これ以上の電圧を加えると抵抗値が下がり，急激に電流が増加する。

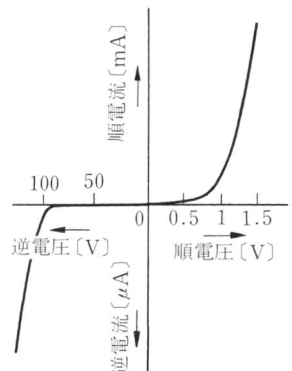

図 2.9　ダイオードの電圧-電流特性

逆方向の電流も順方向に比べると 10^{-7} と格段に小さいが 0 ではない。これは p 形の中に電子が，n 形の中に正孔があって，それらが原子の格子にある欠

陥で対を作り電流となるからである。

ダイオードの技術資料を見ると**表 2.1** のように最大定格と電気的特性が示されている。

表 2.1 ダイオードの特性
(a) 最大定格 ($T_a = 25\,°\mathrm{C}$)

項　　目	定　格
逆 電 圧　V_R　〔V〕	6
順 電 流　I_F　〔mA〕	30
接合温度　T_j　〔°C〕	125
保存温度　T_{stg}　〔°C〕	$-55 \sim 125$

(b) 電気的特性 ($T_a = 25\,°\mathrm{C}$)

項　　目	最小	標準	最大	測定条件
逆　電　圧　V_R　〔V〕	6	—	—	$I_R = 10\,\mu\mathrm{A}$
逆　電　流　I_R　〔μA〕	—	—	0.5	$V_R = 5\,\mathrm{V}$
順　電　圧　$V_F(1)$　〔V〕	—	0.3	—	$I_F = 0.1\,\mathrm{mA}$
順　電　圧　$V_F(2)$　〔V〕	0.42	0.5	0.55	$I_F = 10\,\mathrm{mA}$
端子間容量　C_T　〔pF〕	—	0.8	1.0	$V_R = 0$ $f = 1\,\mathrm{MHz}$
順電圧偏差　ΔV_F　〔mV〕	—	—	10	$I_F = 10\,\mathrm{mA}$ (注)
端子間容量偏差　ΔC_T　〔pF〕	—	—	0.1	$V_R = 0$ $f = 1\,\mathrm{MHz}$ (注)

(注) 1 パッケージ内の 2 素子間偏差　　　　　(東芝技術資料による)

なお，計算の目安を得るために，順方向の抵抗値を 0，逆方向の抵抗値を ∞ として扱うことがある。このようなダイオードを理想ダイオードという。

2.3.4　ダイオード回路

図 2.10 のように，ダイオードと抵抗の直列回路に直流電圧を加えた回路を考えてみよう。ダイオードの両端の電圧を V_D，抵抗の両端の電圧を V_R，ダイオードに流れる電流を I_D とすると，電源電圧 E とこれらの関係は

$$E = V_D + V_R = V_D + RI_D \tag{2.1}$$

となる。

2.3 ダイオード

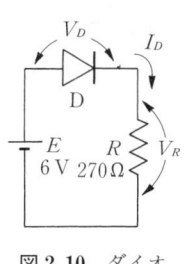

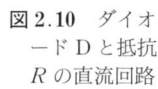

図 2.10 ダイオードDと抵抗Rの直流回路

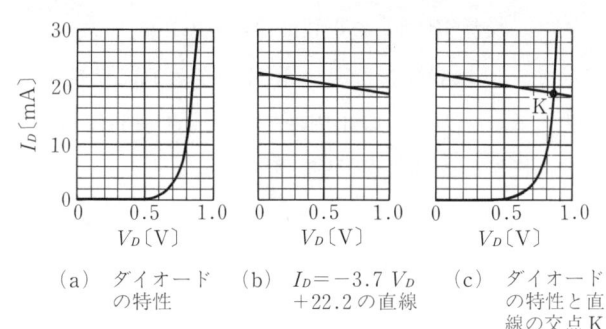

(a) ダイオードの特性　(b) $I_D = -3.7 V_D + 22.2$ の直線　(c) ダイオードの特性と直線の交点K

図 2.11　V_D, I_D と動作点

ダイオードに流れる電流 I_D は

$$I_D = -\frac{1}{R}V_D + \frac{E}{R} = -\frac{1}{270}V_D + \frac{6}{270} \quad [\text{A}]$$

$$= -3.70 V_D + 22.2 \quad [\text{mA}] \tag{2.2}$$

となる。

使用しているダイオードの電流-電圧特性は，**図 2.11**(a)のようになっているものとする。一方，この回路の動作条件は上式のようになるから，同じスケール上でグラフを描くと図(b)のようになる。この回路ではこの直線上のある値で動作しているが，それは使用しているダイオードの特性によって決まってくる。いま使用しているダイオードの特性は図(a)であるから，図 2.10 の回路ではこの特性曲線と直線の交点 K を中心として動作することになる。図(c)はこれらのカーブを重ねて示したもので，交点 K を動作点といい

　　　動作点：$V_D = 0.85\,\text{V}$, $I_D = 19\,\text{mA}$

となる。これより，抵抗の両端の電圧 V_R は

$$V_R = E - V_D = 6 - 0.85 = 5.15\,\text{V} \tag{2.3}$$

となる。

2.3.5　整 流 回 路

図 2.12 は，ダイオード D と抵抗 R の直列回路に交流電圧 v_s を加えたもの

である。交流電圧 v_S の正弦波（sine wave）が加えられると，正の半周期ではダイオードはON になり，電流 i_R が流れ，抵抗の両端には正弦波の電圧 v_R が生ずる。一方，負の半周期ではダイオードはOFFになり，電流が流れないので，抵抗の両端にも電圧は発生しない。

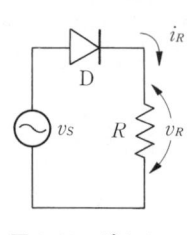

図 2.12 ダイオード D と抵抗 R の交流回路

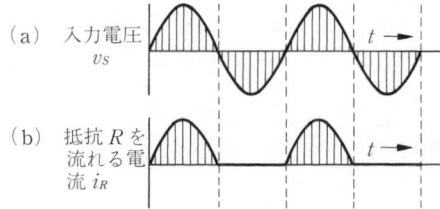

図 2.13 半波整流の波形

この整流回路は，図 2.13 のように，抵抗に電流が正の半周期だけ流れるので，半波整流回路という。

図 2.14 は，ダイオード 4 個をブリッジ形に接続したブリッジ整流回路である。交流電圧の正の半周期ではダイオード D_1，D_2 が ON となり，D_3，D_4 が OFF となるから，電流は $D_1 \rightarrow R \rightarrow D_2$ の経路で流れる。一方，負の半周期ではダイオード D_1，D_2 が OFF となり，D_3，D_4 が ON となるから，電流は $D_3 \rightarrow R \rightarrow D_4$ の経路で流れる。すなわち，抵抗 R にはいつも同方向に電流が流れる。この場合には，抵抗に電流が正負のどちらの半周期でも流れることになるので，全波整流回路という。図 2.15 に全波整流の波形を示す。

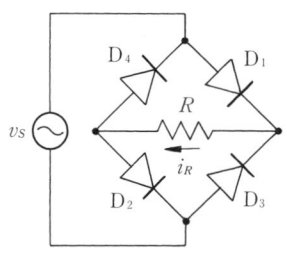

図 2.14 ブリッジ整流回路

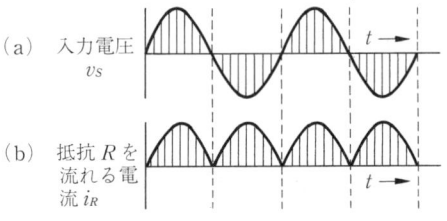

図 2.15 全波整流の波形

半波整流，全波整流いずれの場合も，ダイオードはONかOFFかいずれかの状態をとるような理想的な場合で説明したが，実際には0近辺ではダイオードの抵抗が高くなり，電圧がある程度高くならないとON状態にならない。したがって，出力波形は電流0の状態が少し広がることになる。

2.3.6 ダイオードの種類

前項でダイオードの整流作用を述べたが，このほかにもダイオードは数々の役割を果たしている。

〔1〕 **定電圧ダイオード**　図2.16のように，ダイオードに逆電圧を加えていくと，一定値以上の電圧に対して急激に電流が増加するようなダイオードである。

この現象は高い電界によって格子にとらえられていた電子が自由になるツェナー現象，または高速電子の衝突によるキャリヤのなだれ現象に基づくものである。

電圧の値は，不純物の添加量によって異なり，電源回路の電圧の安定化に用いられる。

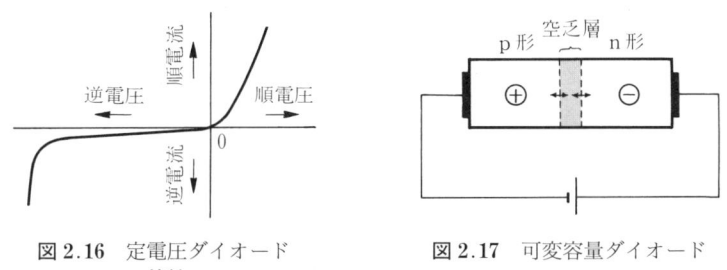

図2.16　定電圧ダイオードの特性　　　　図2.17　可変容量ダイオード

〔2〕 **可変容量ダイオード**　図2.17に示すように，ダイオードの空乏層は電荷が空間的に分離されるので，逆電圧を加えることにより，コンデンサとして動作する。ダイオードに加える逆電圧が大きくなると，それにつれて空乏層の幅が広がるので，静電容量が小さくなる（空乏層の幅に反比例する）。

印加する電圧によって静電容量が変化する可変容量ダイオードは，同調回路

のチューニングなどに応用される。

〔3〕 **ホトダイオード**　図2.18に示すように，ダイオードに逆電圧を加えた状態で，pn接合に光が入射すると，格子に結合されていた電子は自由電子となって，自由に動きまわる電子や正孔が発生する。これらの電子や正孔は空乏層へ移動し，入射光の強弱に応じて逆電流が流れ，これが光電流 I_{Photo} となる。

撮像デバイスとして盛んに使われているCCDやMOS形センサも，光電変換の部分にはこのホトダイオードが用いられている。

太陽電池も同様な原理であるが，ダイオードに外部から電圧を加えないで，光エネルギーを電気エネルギーに変換するものである。

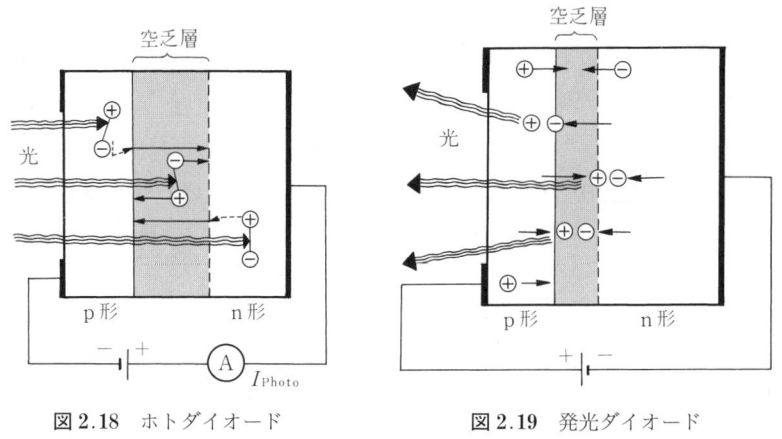

図 2.18　ホトダイオード　　　　図 2.19　発光ダイオード

〔4〕 **発光ダイオード**　図2.19に示すように，pn接合に順電圧を加えると，n形領域から電子が，p形領域から正孔がpn接合へ移動し，電子と正孔が結合する際に光を発する。自由電子が結合状態になるときに自由になったエネルギーが光となって放出されるものである。LED（light emitting diode）と呼ばれ，広く使われるようになった。

練習問題

(1) ダイオードの構造と図記号を示せ。
(2) ダイオードに逆電圧を加えると，どうなるか。図面を書いて説明せよ。
(3) ダイオードに順電圧を加えると，どうなるか。図面を書いて説明せよ。
(4) ダイオードの電流-電圧特性を示し，特徴を説明せよ。
(5) ダイオードに直列に 33 Ω の抵抗を接続し，この両端に 3 V の直流電圧を順方向になるように加えた。ダイオードに流れる電流，電圧はいくらか。ただし，ダイオードの特性は図 2.20 に示すものとする。

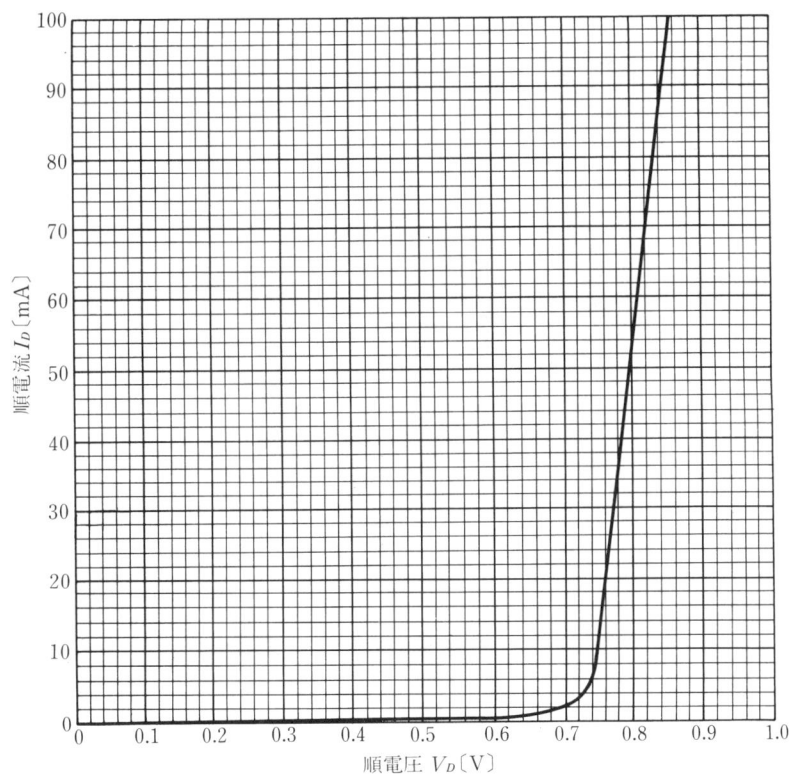

図 2.20　V_D-I_D 特性

(6) ダイオードに直列に 27 Ω の抵抗を接続し，この両端に DC 1.8 V の逆電圧を加えた。ダイオードに流れる電流，電圧はいくらか。また，極性を変えて順方向にするとどうなるか。ただし，ダイオードの特性は図 2.20 に示すものとする。

(7) 図 2.21 のように，ダイオードに直列に 1 kΩ の抵抗を接続し，この両端に先頭値が ±5 V の正弦波交流を加えた。ダイオードおよび抵抗の両端の電圧波形はどのようになるか。

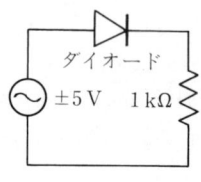

図 2.21

(8) つぎのダイオードを説明せよ。
（a） ホトダイオード，（b） 発光ダイオード，（c） 可変容量ダイオード，
（d） 定電圧ダイオード

3. トランジスタ回路

3.1 トランジスタ

トランジスタは三つの電極を持った半導体素子で，電気信号の増幅作用とスイッチ作用がある。

3.1.1 構造と動作の基本

電子と正孔の両極性の電荷がキャリヤとして動作するので，バイポーラトランジスタと呼ぶ。トランジスタには，このほかに後述する電界効果トランジスタがある。バイポーラ トランジスタは抵抗率の異なる三つの領域からなる。

図 3.1 は npn 形トランジスタで，図(a)に示すように二つの pn 接合からできている。中央の p 形領域が基準（base）となるので，ここに端子を付け，ここをベース（B）と呼ぶ。両端の n 形領域にそれぞれ端子を付け，キャリヤを発射（emit）する端子をエミッタ（E），キャリヤを集める（collect）端子をコレクタ（C）と呼ぶ。npn 形トランジスタは図(b)に示すような図記号で

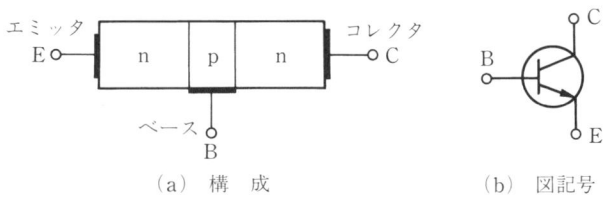

図 3.1　npn 形トランジスタ

示す。

　バイポーラ トランジスタには pnp 形もあり，これは**図 3.2**(a)のように p 形領域，n 形領域，p 形領域が接合されていて，図(b)に示すような図記号で示される。図記号では，エミッタの矢印の向きが反対であり，npn 形か pnp 形か判断できる。

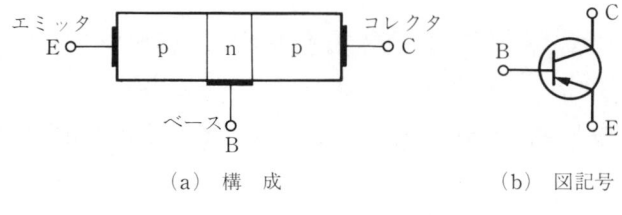

(a) 構　成　　　　　(b) 図記号

図 3.2　pnp 形トランジスタ

　図 3.3 は，トランジスタの基本動作を示したものである。エミッタ (E)-ベース (B) 間に順電圧 V_{BE} を加え，エミッタ (E)-コレクタ (C) 間に逆電圧 V_{CE} を加える。実際には

$$V_{CE} - V_{BE} = V_{CB}, \quad V_{CE} > V_{BE} \tag{3.1}$$

であるから，ベース-コレクタ間には逆電圧 V_{CB} が加わっていることとなる。エミッタからベースに注入された電子は，一部はベース電流 I_B となるが，大部分はベースとコレクタ間の pn 接合に達し，ここに加えられる逆電圧による電界でコレクタに吸収され，コレクタ電流 I_C となる。上記では電子の流れで説明してきたが，電子の流れと反対方向を電流の流れる方向と約束されている。したがって，実際には電流の流れる方向は電子の流れと反対になる。

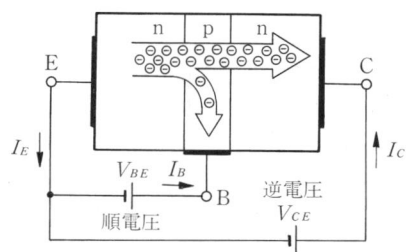

図 3.3　トランジスタの基本動作

ここで，ベース電流 I_B をわずかに変化させるとコレクタ電流 I_C は大きく変化する。これがトランジスタの電流増幅作用である。また，ベース-エミッタ間の順電圧 V_{BE} を減少してベース電流 I_B を小さくしていくと，コレクタ電流 I_C が小さくなり，やがてベース電流 $I_B = 0$ となると，コレクタ電流 I_C が流れなくなる。これがトランジスタのスイッチ作用である。

トランジスタの形名は 2 SC 1170 B のように表示される。この意味はつぎのとおりである。

  最初の数字　0：ホトダイオード
       1：ダイオード
       2：トランジスタ
 2列目の記号　S：半導体製品
 3列目の記号　A：高周波用 pnp 形
       B：低周波用 pnp 形
       C：高周波用 npn 形
       D：低周波用 npn 形
つぎの3～4桁の数字：EIAJ（日本電子機械工業会；現在はJEITA,
    日本電子情報技術産業協会）の登録番号
 最後の記号：改良した品種につける

このようにして，形名をみると半導体製品の概略がわかるようになっている。

3.1.2 トランジスタの特性

トランジスタの特性の一例を**図3.4**に示す。コレクタ-エミッタ間の電圧 V_{CE} を一定に保ったままで，ベース-エミッタ間に加える電圧 V_{BE} を変化させると，図 (a) に示すように，ある値から急激にベース電流 I_B が増加する。これはダイオードの順方向特性と類似している。

また，コレクタ-エミッタ間の電圧 V_{CE} とコレクタ電流 I_C の関係は，図 (b) に示すように，ベース電流 I_B をパラメータにして変化する。

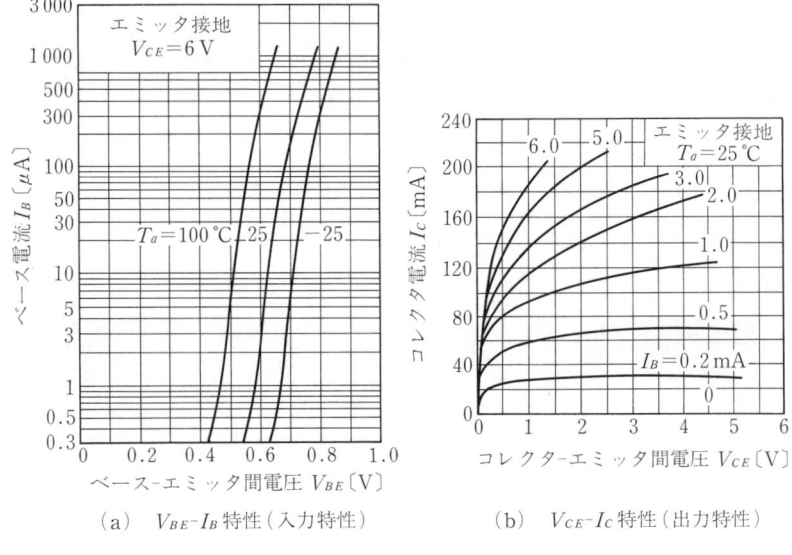

(a) V_{BE}-I_B 特性(入力特性)   (b) V_{CE}-I_C 特性(出力特性)

図 3.4 トランジスタの特性 (2 SC 2712 の場合)

ここで，V_{BE}-I_B 特性を入力特性，V_{CE}-I_C 特性を出力特性という。

図 3.4 では，ベース電流が 3～6 mA 付近まで記されており，図(a)では電流値も対数目盛で表示されている。これから回路の計算を行う場合は，これほど広範囲の値を使う必要はないので，小信号時の特性を実用的に書き直したのが**図 3.5** である。

図(b)は I_B-I_C 特性で，V_{CE} を一定 (6 V) に保ったまま，ベース電流 I_B を増加させていくとコレクタ電流 I_C は直線的に増加し，比例関係にある。この I_B-I_C 特性を電流伝達特性という。

さらに，V_{CE}-I_C の関係は，図(c)に示すように，$V_{CE}=0$ 付近の小さい範囲以外では，コレクタ電流 I_C は V_{CE} に影響されず，ほぼ一定値をとる。

なお，ベース電流 I_B を一定に保ったままで，V_{CE} と V_{BE} の関係を表した V_{CE}-V_{BE} 特性を電圧帰還特性というが，これはほとんど使われることがないので，ここでは省略する。

これら V_{BE}-I_B，I_B-I_C，V_{CE}-I_C の三つの特性は，これからのトランジス

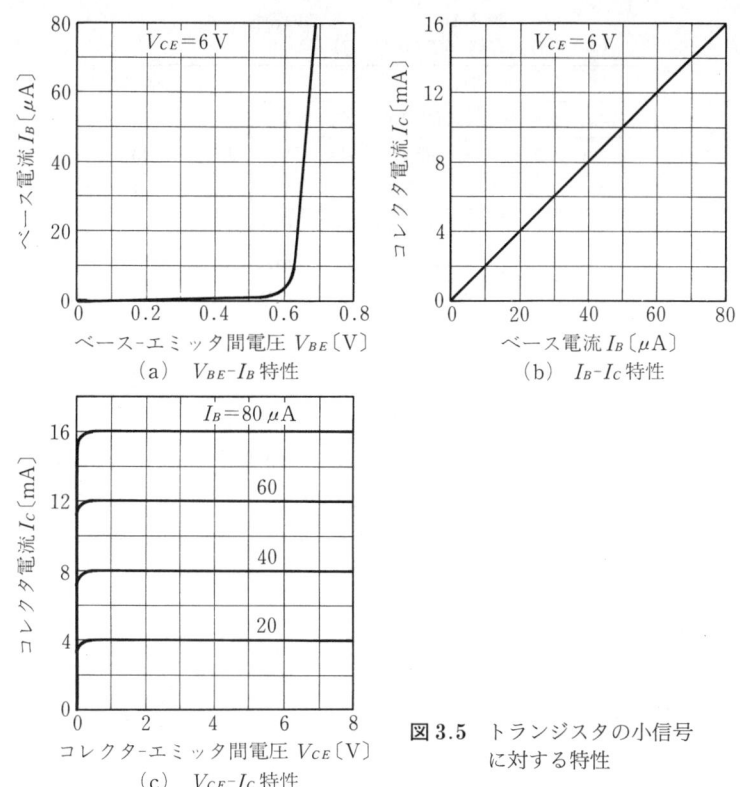

図 3.5　トランジスタの小信号に対する特性

タ回路設計上でよく利用される重要な特性である。

なお，I_C と I_B の比を h_{FE}，直流電流増幅率という。すなわち，I_B-I_C 特性の傾き，$I_C/I_B = h_{FE}$ である。h パラメータはこのほかにも特性曲線の傾きを示すものとしていくつかあるが，これらは 4.3 節で説明する。

3.1.3　最大定格

トランジスタに流せる電流や加える電圧，消費電力には限界がある。その最大値を示したものが最大定格である。トランジスタの技術資料には**表 3.1** や**図 3.6** に示したような数値が示されている。最大定格を超えた状態でトランジスタを使用すると破損したり，動作が不安定になるので，注意が必要である。コ

3. トランジスタ回路

表 3.1 トランジスタの特性

（a）最大定格（$T_a = 25\,°\mathrm{C}$）

項　目			定　格
コレクタ-ベース間電圧	V_{CBO}	〔V〕	35
コレクタ-エミッタ間電圧	V_{CEO}	〔V〕	30
エミッタ-ベース間電圧	V_{EBO}	〔V〕	4
コ レ ク タ 電 流	I_C	〔mA〕	100
ベ ー ス 電 流	I_B	〔mA〕	10
コ レ ク タ 損 失	P_C	〔mW〕	150
接 合 温 度	T_j	〔°C〕	125
保 存 温 度	T_{stg}	〔°C〕	$-55 \sim 125$

（b）電気的特性（$T_a = 25\,°\mathrm{C}$）

項　目			最小	標準	最大	測定条件
コレクタ遮断電流	I_{CBO}	〔μA〕	—	—	0.1	$V_{CB} = 35\,\mathrm{V}$ $I_E = 0$
エミッタ遮断電流	I_{EBO}	〔μA〕	—	—	1.0	$V_{EB} = 4\,\mathrm{V}$ $I_C = 0$
直流電流増幅率	h_{FE} (注)	—	40	—	240	$V_{CE} = 12\,\mathrm{V}$ $I_C = 2\,\mathrm{mA}$
コレクタ-エミッタ間飽和電圧	$V_{CE(sat)}$	〔V〕	—	—	0.4	$I_C = 10\,\mathrm{mA}$ $I_B = 1\,\mathrm{mA}$
ベース-エミッタ間飽和電圧	$V_{BE(sat)}$	〔V〕	—	—	1.0	$I_C = 10\,\mathrm{mA}$ $I_B = 1\,\mathrm{mA}$
トランジション周波数	f_T	〔MHz〕	80	—	—	$V_{CE} = 10\,\mathrm{V}$ $I_C = 2\,\mathrm{mA}$
帰 還 容 量	C_{re}	〔pF〕	—	2.2	3.0	$V_{CE} = 10\,\mathrm{V}$ $f = 1\,\mathrm{MHz}$
$C_c \cdot r_{bb}$ 積	$C_c \cdot r_{bb}$	〔ps〕	—	—	50	$V_{CE} = 10\,\mathrm{V}$ $I_E = 1\,\mathrm{mA}$ $f = 30\,\mathrm{MHz}$
雑 音 指 数	NF	〔dB〕	—	2.0	3.5	$V_{CE} = 10\,\mathrm{V}$ $I_E = 1\,\mathrm{mA}$ $f = 1\,\mathrm{MHz}$ $R_G = 50\,\Omega$

（注）h_{FE} 分類　　R：40〜80，　O：70〜140，　Y：120〜240

（東芝技術資料による）

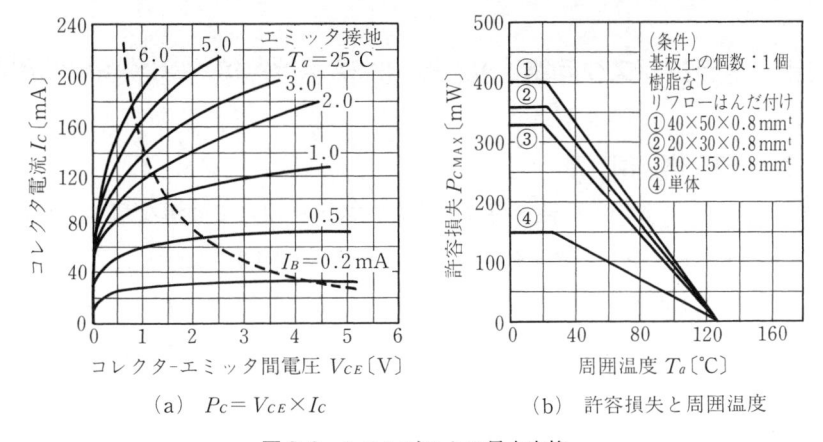

(a) $P_C = V_{CE} \times I_C$ (b) 許容損失と周囲温度

図 3.6 トランジスタの最大定格

レクタ-エミッタ間の電圧 V_{CE} やコレクタ電流 I_C の最大値のほかに，両者の積である許容コレクタ損 P_C がある．これは

$$P_C = V_{CE} \times I_C \tag{3.2}$$

で表され，図 3.6(a) の破線のようになる．V_{CE} や I_C が許容値に収まっていても，P_C が最大定格を超えるような使い方はできない．トランジスタ内部での消費電力はほとんどがこのコレクタ損で発熱となる．したがって，放熱板をつけて熱を素早く逃がすことによって使用範囲が大きくなる．また，最大コレクタ損は周囲温度によっても変化する．この状況を図 (b) に示す．ここにはトランジスタ単体の場合と 3 種類の放熱板をつけたときの特性が示されている．

トランジスタの接合部温度 T_J は，周囲温度 T_a とコレクタ損 P_C に関係があり，この最大許容値を超えて使用することはできない．トランジスタの熱抵抗を θ とすると，コレクタ損 P_C は

$$P_C = \frac{T_J - T_a}{\theta} \tag{3.3}$$

で表すことができる．最大接合部温度 $T_{J\text{MAX}}$ は，Si トランジスタでは 150°C 程度，Ge トランジスタでは 75°C 程度である．

3.2 トランジスタ回路

3.2.1 基 本 回 路

図3.4,3.5のような特性を持つトランジスタを用いて簡単な基本回路を組んでみよう。トランジスタを動作させるためには，図3.3に示したように直流電圧を加える必要がある。さらに，ベースやコレクタに流れる電流を制御するためにそれぞれに抵抗をそう入する。このようにして，**図3.7**の基本回路が構成される。

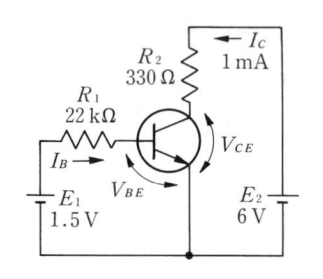

図3.7 トランジスタの基本回路

電源 E_1 からベース抵抗 R_1，トランジスタのベース，エミッタを一巡する経路を考えてみよう。トランジスタのベース-エミッタ間の電圧を V_{BE}，ベース電流を I_B とすると

$$E_1 = R_1 \times I_B + V_{BE} \tag{3.4}$$

となる。これからベース電流 I_B は

$$I_B = \frac{E_1 - V_{BE}}{R_1} \tag{3.5}$$

I_B と V_{BE} の関係は，この式上で変化するので，R_1 を変化させて I_B を制御することができる。ここで，$E_1 = 1.5\,\text{V}$，$R_1 = 22\,\text{k}\Omega$ を代入すると

$$I_B = 68 - 45\,V_{BE} \quad [\mu A] \tag{3.6}$$

となる。上式は I_B と V_{BE} の関係を示すもので，トランジスタの図3.5(a)の特性曲線に重ねて書くと**図3.8**が得られる。トランジスタの入力特性はこの曲線上で表されるから，先の直線とこの曲線との交点Kが実際に動作している

3.2 トランジスタ回路

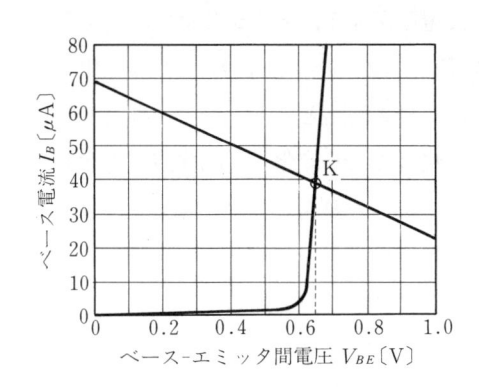

図 3.8 V_{BE}-I_B 特性上の動作点

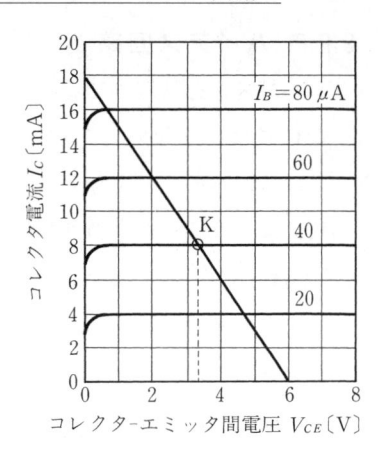

図 3.9 V_{CE}-I_C 特性上の動作点

電圧-電流を示すことになる。図では $I_B ≒ 40\,\mu A$, $V_{BE} ≒ 0.65\,V$ となる。

つぎに，図 3.7 の基本回路において，電源電圧 E_2 からコレクタ抵抗 R_2，トランジスタのコレクタ，エミッタを一巡する経路を考えてみよう。トランジスタのコレクタ-エミッタ間の電圧を V_{CE}，コレクタ電流を I_C とすると

$$E_2 = R_2 \times I_C + V_{CE} \tag{3.7}$$

となる。これからコレクタ電流 I_C は

$$I_C = \frac{E_2 - V_{CE}}{R_2} \tag{3.8}$$

I_C と V_{CE} の関係は，この式に従って変化するので，R_2 を変化させて I_C を制御することができる。ここで，$E_2 = 6\,V$, $R_2 = 330\,\Omega$ を代入すると

$$I_C = 18 - 3V_{CE} \quad [mA] \tag{3.9}$$

となる。上式は I_C と V_{CE} の関係を示すもので，トランジスタの図 3.5(c) の特性曲線に重ねて書くと**図 3.9** が得られる。トランジスタの出力特性はこの曲線上で表され，$I_B ≒ 40\,\mu A$ であるから，先の直線とこの曲線との交点 K が実際に動作している電圧-電流を示すことになる。図では $I_C ≒ 8\,mA$, $V_{CE} ≒ 3.3\,V$ となる。

このように，ベース抵抗 R_1 を調整してベース電流 I_B を求めて，この値からコレクタ電流 I_C とコレクタ-エミッタ間電圧 V_{CE} が求められる。

3.2.2 バイアス回路

トランジスタを動作させるには，直流電圧を加え，あらかじめ電流を流しておかなければならない。この電圧，電流をバイアス電圧，バイアス電流という。これらのバイアスを与える回路をバイアス回路という。

実際にはトランジスタの各種定数は，温度により変化し，動作点が変化したり，回路動作が不安定になったりする。これらの要因の中では熱暴走によるトランジスタの破壊，増幅回路の雑音の増加，ひずみの増加などがある。

トランジスタの温度が上昇すると，コレクタ電流が増加し，トランジスタのコレクタ損 P_c が増加する。すると，いっそう発熱が大きくなり，やがてはトランジスタが破壊することになる。このような現象を熱暴走という。

トランジスタの雑音は，一般にコレクタ電流によって変化し，図 3.10 に示すように，ある値で最低値を示す。常時ここで使用すれば雑音が小さいが，動作点が動いてしまうと雑音の大きな範囲で使用することとなり，回路の雑音が増加してしまう。

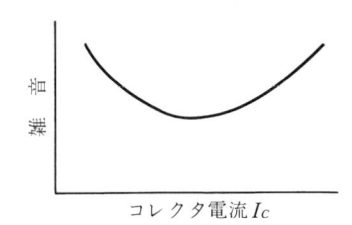

図 3.10 コレクタ電流と雑音の関係

さらに，動作点が負荷直線の中央値になるように設定しておけばひずみは最小になるが，動作点が動いて片側によると無ひずみの範囲が狭くなり，大きな出力が得られないという欠点がある。

そこで，バイアス回路の安定化が行われる。これには，自己バイアス回路，電流帰還バイアス回路，ブリーダ電流バイアス回路などがある。

〔1〕 **自己バイアス回路**　いままで，トランジスタにバイアスを加える方法としては，図 3.11(a)のような固定バイアス回路で説明してきた。これに対し，図(b)に示す回路は自己バイアス回路と呼ばれ，コレクタ電流の変化を

3.2 トランジスタ回路   31

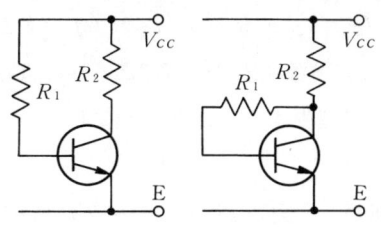

図 3.11　バイアス回路
(a)　固定バイアス　(b)　自己バイアス

自動的に小さくする作用がある。

　コレクタ電流 I_C が熱などの影響で増加すると

$$V_{CC} - R_2 \times I_C = V_{CE} \tag{3.10}$$

となるから，V_{CE} が減少する。一方

$$R_1 \times I_B + V_{BE} = V_{CE} \tag{3.11}$$

であるから，V_{CE} が減少すれば，R_1 が一定であるから，V_{BE} または I_B が減少することとなる。V_{BE} が減少しても I_B が減少するから，いずれにせよ I_B が減少する。したがって，I_C が減少する。このようにしてバイアス回路の安定化がはかれる。

　この回路では入力抵抗が小さくなるという欠点がある。

〔2〕**電流帰還バイアス回路**　　図 3.12 はエミッタに抵抗 R_3 を入れることによってバイアス回路の安定化を行うもので，電流帰還バイアス回路と呼ばれる。

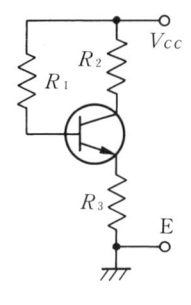

図 3.12　電流帰還
バイアス回路

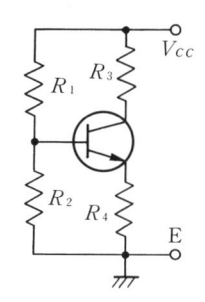

図 3.13　ブリーダ
電流バイアス回路

コレクタ電流 I_C が増加すると $I_E = I_C + I_B ≒ I_C (I_C \gg I_B)$ であるから，$R_3 \times I_C = V_E$ となり，V_E が増加する。電源電圧は一定であるから V_{BE} が減少する。したがって，I_B が減少し，I_C が減少する。このようにしてバイアス回路の安定化がはかれる。

〔3〕 **ブリーダ電流バイアス回路**　図 3.13 はエミッタに抵抗 R_4 を入れるとともに，R_1，R_2 にベース電流 I_B より大きな直流電流を流すことによってベース電圧 V_B を一定にしてバイアス回路の安定化をはかるもので，ブリーダ電流バイアス回路と呼ばれる。

コレクタ電流 I_C が増加すると $R_4 \times I_C = V_E$ となるから，V_E が増加する。$V_B - V_E = V_{BE}$ であるが，ベース電圧 V_B は一定値に保たれているから，V_{BE} が減少する。したがって，I_B が減少し，I_C が減少する。このようにしてバイアス回路の安定化がはかれる。

この回路は，いままでのバイアス安定化回路の中で最も安定であるが，抵抗に電流が流れるので，消費電力が大きくなるという欠点がある。

3.3　電界効果トランジスタ（FET）

トランジスタと同様に増幅作用を有するデバイスに FET（field effect transistor：電界効果トランジスタ）がある。

トランジスタが電子と正孔の両極性の電荷がキャリヤとして動作したのに対し，FET は電子または正孔のどちらかのキャリヤが電気伝導に寄与する。このため，バイポーラ トランジスタに対して，ユニポーラ トランジスタと呼ばれる。入力側が，トランジスタは電流制御形の低入力インピーダンスであるのに対し，FET は電圧制御形の高入力インピーダンスである。

3.3.1　構造と動作の基本

FET は，構造上から大別すると，接合形 FET（junction FET：JFET）と金属酸化膜 FET（metal oxide semiconductor FET：MOS 形 FET）とにな

る。

〔1〕 **接合形 FET**　図3.14に示すように，n形結晶の両側にpn接合を作り，その間を電流が流れる構造で，二つのp形領域は接続されゲート（G），n形領域の片方をソース（S），他方をドレーン（D）という。ゲートにマイナスの電圧（逆電圧）を加えると，破線で示したように空乏層が広がり，電流の流れる通路（チャネル）幅が狭くなる。

　n形結晶の両端，ドレーン-ソース間に順電圧を加えると，電流はドレーンからソースへ向かって流れる。ここで，ゲートに加える電圧でチャネル幅が制御されるから，ゲート電圧によって電流を制御することができる。

　このようにチャネルがn形半導体で形成されたFETをnチャネルFETといい，チャネルがp形半導体で形成されたFETをpチャネルFETという。

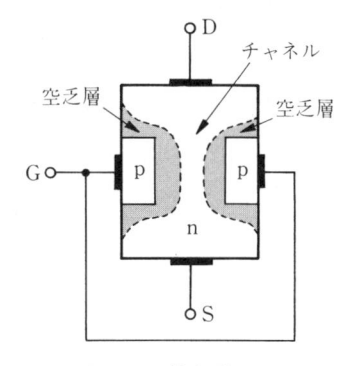

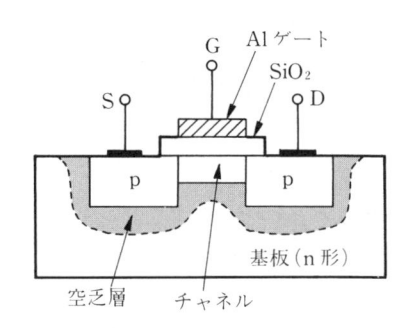

図3.14　接合形FET　　　　図3.15　MOS形FET（pチャネル形）

〔2〕 **MOS形FET**　図3.15はpチャネルMOS形FETの構造を示したもので，n形基板の上に二つのp形領域を形成し，その間にSiO₂のゲート酸化膜とAl金属膜を設けたものである。p形の片方をソース（S），他方をドレーン（D）とし，金属膜をゲート（G）とする。ゲートにマイナスの電圧（逆電圧）を加えると酸化膜の下にチャネルができ，ゲート電圧の大きさで空乏層の幅が変化する。これにより，キャリヤの通るチャネル幅が変化し電流を制御できる。

　MOS形FETにもp形基板の上に二つのn形領域を形成したnチャネル

MOS形FETがある。

また，MOS形FETにはエンハンスメント形とデプレション形の2種類がある。エンハンスメント形はゲート電圧V_{GS}を加えたときにチャネルが形成され，動作できるが，ゲート電圧V_{GS}が0のときにはチャネルが形成されず，ソース-ドレーン間に電流が流れないタイプである。これに対し，デプレション形はゲート電圧V_{GS}が0のときにもソース-ドレーン間に電流が流れるタイプである。ゲート電圧V_{GS}に逆電圧を加えたとき初めて電流が遮断される。一般に，pチャネルMOS形FETではエンハンスメント形が，nチャネルMOS形FETではデプレション形が使われる。

〔3〕 **FETの特性**　　トランジスタの電流伝達特性であるI_B-I_C特性に相当する伝達特性としてV_{GS}-I_D特性があり，出力特性V_{CE}-I_C特性に相当する出力特性としてV_{DS}-I_D特性がある。これらを図3.16に示す。V_{GS}-I_D特性は，図(a)に示したように，V_{DS}を一定に保った場合の特性が示されている。また，V_{DS}-I_D特性では，V_{GS}をパラメータにして複数の曲線が描かれている。これはトランジスタでI_Bをパラメータにして示したものと類似している。

なお，V_{GS}-I_D特性でドレーン電流I_Dが0になるときのドレーン電圧V_{DS}をピンチオフ電圧V_Pといい，V_{GS}-I_D特性曲線の傾きを相互コンダクタンス

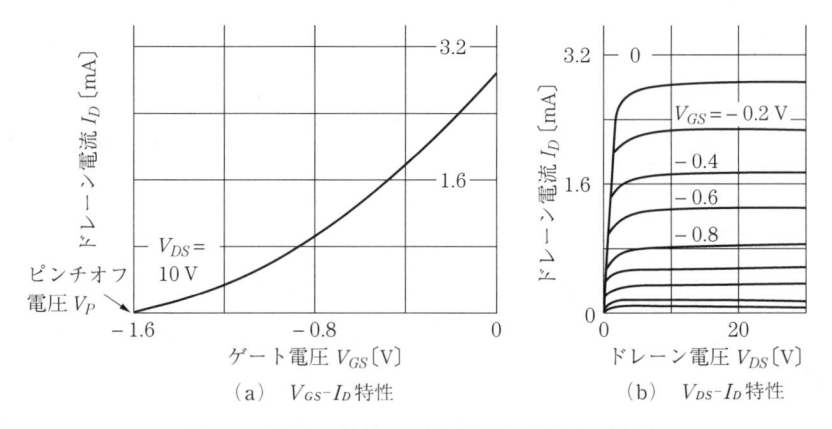

(a)　V_{GS}-I_D特性

(b)　V_{DS}-I_D特性

図3.16　FETの特性の一例（2SK30ATMの場合）

といい，g_m で表す．曲線の傾きであるから

$$g_m = \frac{\Delta I_D}{\Delta V_{GS}} \tag{3.12}$$

となり，単位は〔S〕で，ジーメンスと呼び，抵抗の逆数である．

〔4〕 **接合形 FET のバイアス**　図 3.17 に接合形 FET のバイアス回路を示す．n チャネル形では図（a）に示すように，ゲート G にマイナスの電圧 V_{GS}，ドレーン D にプラスの電圧 V_{DS} を加えると動作領域になる．p チャネル形では図（b）に示すように，電圧の極性が逆になる．

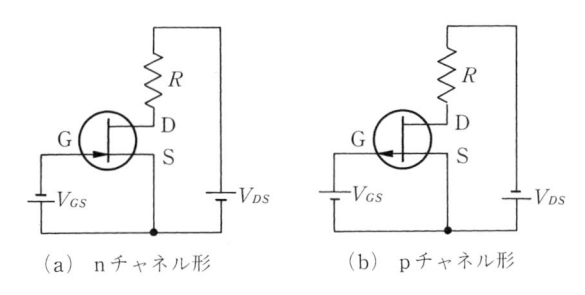

　　　（a） n チャネル形　　　（b） p チャネル形

図 3.17　接合形 FET のバイアス回路

つぎのこの動作を説明しよう．

n チャネル形にバイアス電圧 V_{GS} を加えると，チャネルと空乏層の関係は図 3.18 のようになる．図（a）は V_{GS} が 0 付近で，V_{DS} が小さい場合（$V_{DS} \ll V_P$）であり，空乏層の広がりが小さく，ドレーン D とソース S の間にチャネルができ，ドレーン電流 I_D が流れる．V_{DS} はチャネル部に加わるので，電圧 V_{DS} に比例してドレーン電流 I_D も増加する．V_{DS} はゲート-ドレーン間の pn 接合に対して逆電圧であるから，V_{DS} が大きくなると空乏層が広がり，電圧の大部分が空乏層に加わるが，V_{DS} を一定以上に大きくしても I_D は増加せず，一定の大きさで飽和する．

一方，V_{GS} も pn 接合に対して逆電圧であるから，図（b）に示すように，ドレーンに一定の電圧 V_{DS} を加えたまま，ゲート G の電圧 V_{GS} を 0〜1.4 V の範囲で変化させると空乏層の広がりを制御でき，チャネル幅が変化する．したがって，ドレーン電圧 V_{DS} を一定のまま，ゲート電圧 V_{GS} を変えることによっ

(a) V_{GS} が0付近で V_{DS} が小さい場合。

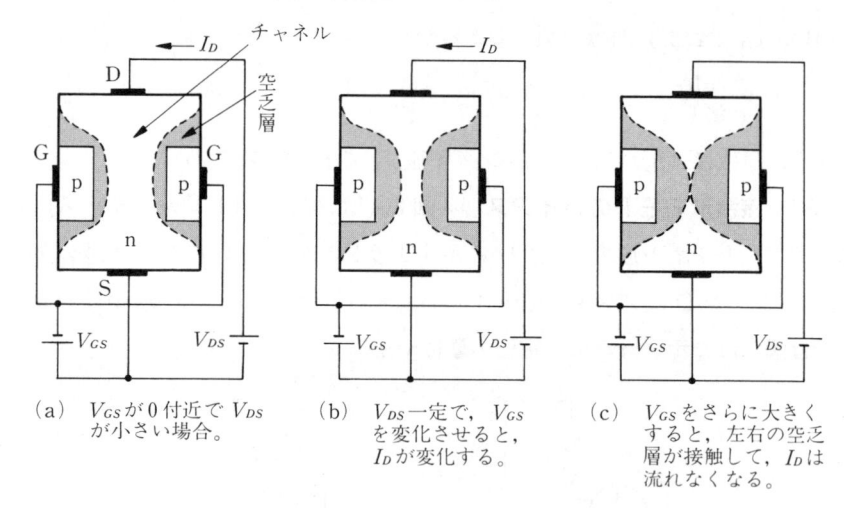

(b) V_{DS} 一定で、V_{GS} を変化させると、I_D が変化する。

(c) V_{GS} をさらに大きくすると、左右の空乏層が接触して、I_D は流れなくなる。

図 3.18 nチャネル接合形 FET のバイアスと空乏層の関係

て，ドレーン電流 I_D を変えることができる。

さらに，ゲート電圧 V_{GS} を大きくしていくと，左右から広がってきた空乏層が接触し，チャネルがなくなり，ドレーン電流 I_D は流れなくなる。この状態を図(c)に示す。このときの V_{DS} がピンチオフ電圧 V_P である。

〔5〕 **MOS形 FET のバイアス**　エンハンスメント形の MOS 形 FET では，図 3.19 に示すようなバイアス回路になる。nチャネル形では図(a)に示すように，ゲート G にプラスの電圧 V_{GS}，ドレーン D にプラスの電圧 V_{DS} を加えると動作領域になる。pチャネル形では図(b)に示すように，電圧の極性が逆になる。

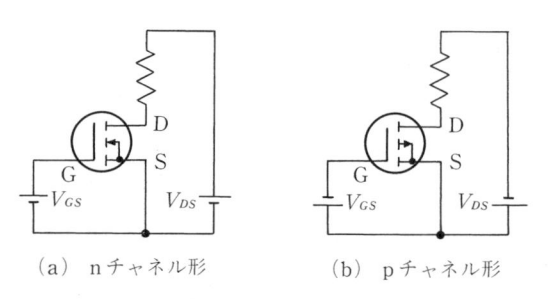

(a) nチャネル形　　(b) pチャネル形

図 3.19　MOS 形 FET のバイアス回路（エンハンスメント形）

3.3 電界効果トランジスタ (FET)

なお，MOS 形 FET にはエンハンスメント形のほかに，デプリーション形があることを前に述べたが，デプリーション形の場合は電圧の加え方がエンハンスメント形の逆になる。

〔6〕 **簡単な FET 回路**　図 3.20 は n チャネル接合形 FET の基本回路である。この回路の動作条件を計算により求めてみよう。

まず，入力側ではゲート-ソース間の電圧 V_{GS} は

$$V_{GS} = E_1 \tag{3.13}$$

であるから

$$V_{GS} = -0.6 \text{ V} \tag{3.14}$$

となる。

一方，出力側では

$$E_2 = R \times I_D + V_{DS} \tag{3.15}$$

であるから

$$6 = 2.2 \text{ k}\Omega \times I_D + V_{DS} \tag{3.16}$$

$$I_D = \frac{6 - V_{DS}}{2.2 \text{ k}\Omega} = 2.7 - 0.45\, V_{DS} \quad [\text{mA}] \tag{3.17}$$

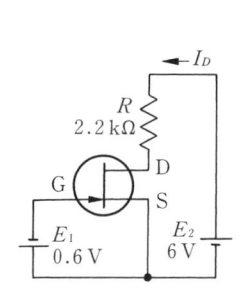

図 3.20　n チャネル接合形 FET の基本回路

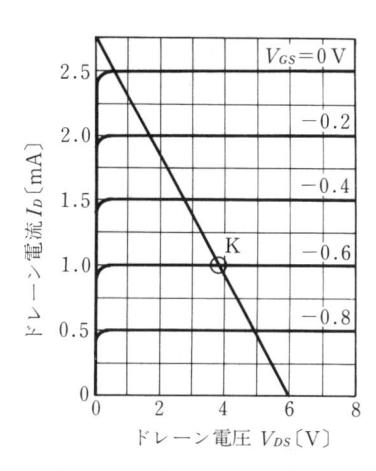

図 3.21　接合形 FET の特性と動作点

この式は $V_{DS} = 6\,\text{V}$ で $I_D = 0\,\text{mA}$, $V_{DS} = 0\,\text{V}$ で $I_D = 2.7\,\text{mA}$ であるから，この2点を結んだ直線で表される。図3.21の特性曲線上に，この直線を重ねて描き，$V_{GS} = -0.6\,\text{V}$ の特性曲線との交点を求めると，点K ($I_D \fallingdotseq 1.0$ mA, $V_{DS} \fallingdotseq 3.8\,\text{V}$) が得られる。

この直線上で，V_{GS} が $-0.4\,\text{V}$ から $-0.8\,\text{V}$ の範囲で変化すると，図3.21より V_{DS} は $2.7\,\text{V}$ から $4.9\,\text{V}$ の間で変化する。すなわち，入力が5.5倍大きく増幅された出力がFETのドレーンから得られることになる。

3.3.2 CMOS回路

CMOS回路は，pチャネルとnチャネルの両方のMOSトランジスタで構成された回路である。Cはcomplementaryの略である。

構造は，図3.22に示すように，n形のシリコン基板の中にpチャネルのトランジスタを形成する。つぎに，n形基板の中に大きなp形領域のpウエルを作っておき，それを基板としてnチャネルのトランジスタを形成する。さらに，このpウエルの中に漏れ電流を防ぐために絶縁分離層のアイソレーション層を作る。そして，pチャネル，nチャネルの両トランジスタは直列に接続され，通常はpチャネルまたはnチャネルのどちらかのトランジスタが動作し，

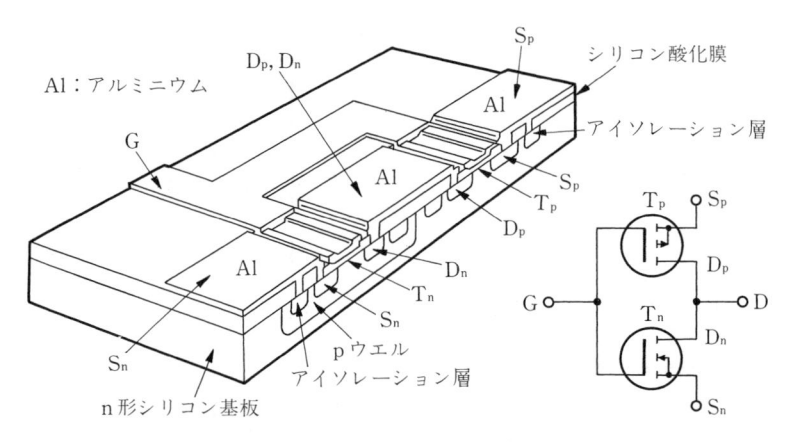

図3.22 CMOS回路の一例

他方のトランジスタは遮断状態になる。

　CMOS は，消費電流が小さい，動作速度が速い，雑音に強い，TTL とコンパチブル，低電圧動作が容易などの長所がある。当初は，P チャネル MOS や N チャネル MOS に比べて，CMOS は製造プロセスが複雑で長い，集積度が悪くなるなどの欠点があるといわれていた。しかし，集積度やプロセス技術が各段に進歩してきたので，現在ではこの表現は相応しくないといえる。

　最近，CCD に代わる新しい撮像デバイスとして注目されているのは，この CMOS センサである。

3.3.3　L S I

　IC（integrated circuit：集積回路）は，トランジスタ，ダイオード，抵抗，コンデンサなど多くの回路素子をシリコン結晶基板上に回路として集積したものである。IC のうち 1000 素子以上を 1 チップ上に集積したものを LSI（large scale integration：大規模集積回路）という。また，10 万素子以上を VLSI（超 LSI）という。LSI にはバイポーラ形と MOS 形とがあるが，ディジタル化が進み，MOS 形が圧倒的に多い。

　ディスクリート部品を接続するのに比べ，1 枚のウエハ上に多数の回路素子を集積できるので，製造コストが安い，信頼性が格段とよくなる，温度に対する安定性がよい，小形で消費電力も小さい，などメリットははかりしれないものがある。

練　習　問　題

（1）　npn 形トランジスタの構造と図記号を示せ。
（2）　pnp 形トランジスタの構造と図記号を示せ。
（3）　トランジスタの形名 2 SC 2712 A から，なにがわかるか。
（4）　トランジスタの出力特性，電流伝達特性，入力特性とはなにか。
（5）　トランジスタの接合部温度を T_j，熱抵抗を θ とすると，周囲温度が T_a のとき，コレクタ損 P_c はどのように表されるか。

（6） 図 3.23 のトランジスタ回路で，ベース電流 I_B，ベース-エミッタ間電圧 V_{BE}，コレクタ電流 I_C，コレクタ-エミッタ間電圧 V_{CE} を求めよ。ただし，トランジスタの特性は図 3.24〜3.26 に示すものとする。

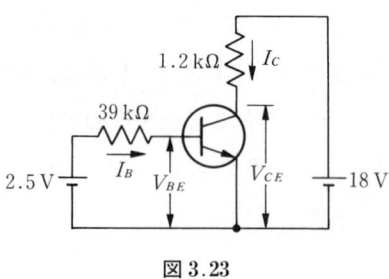

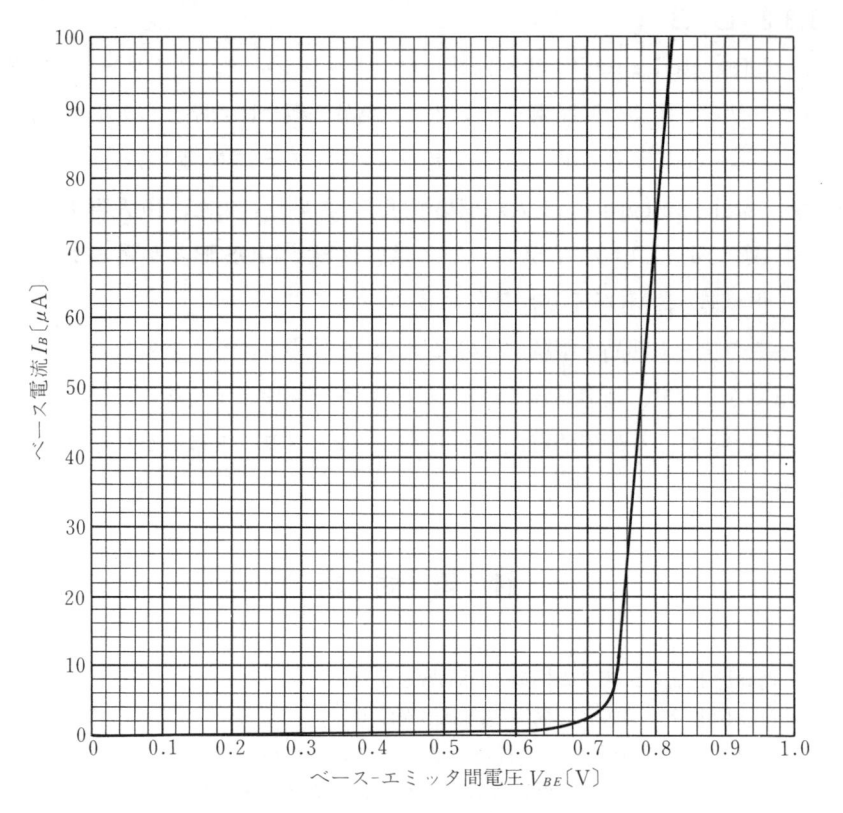

図 3.23

図 3.24 V_{BE} - I_B 特性

練習問題　41

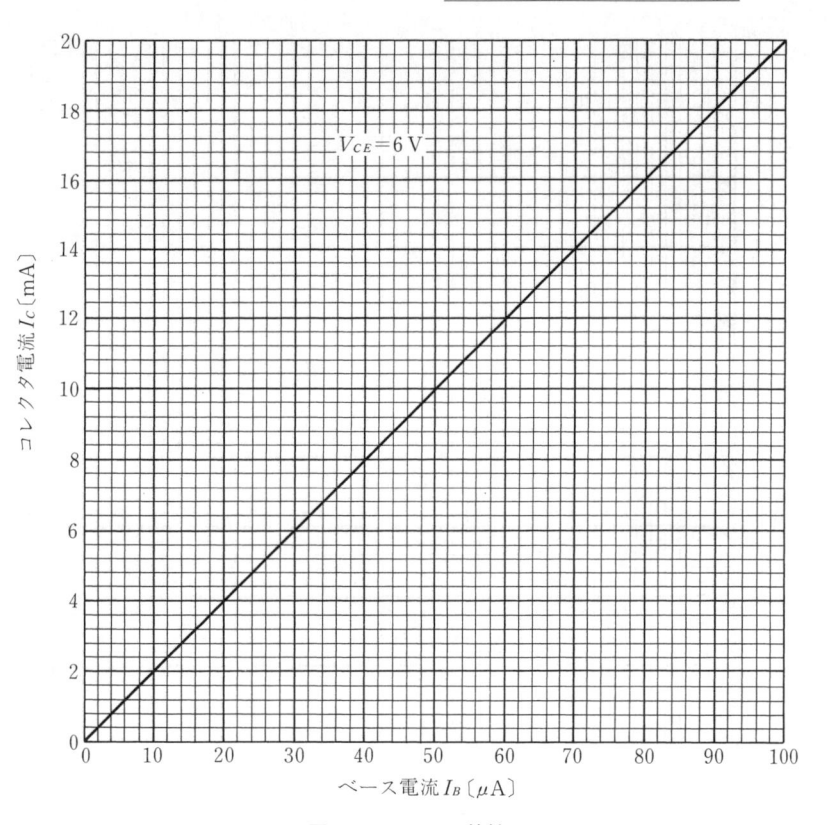

$V_{CE}=6\,\text{V}$

コレクタ電流 I_C [mA]

ベース電流 I_B [μA]

図 3.25　I_B - I_C 特性

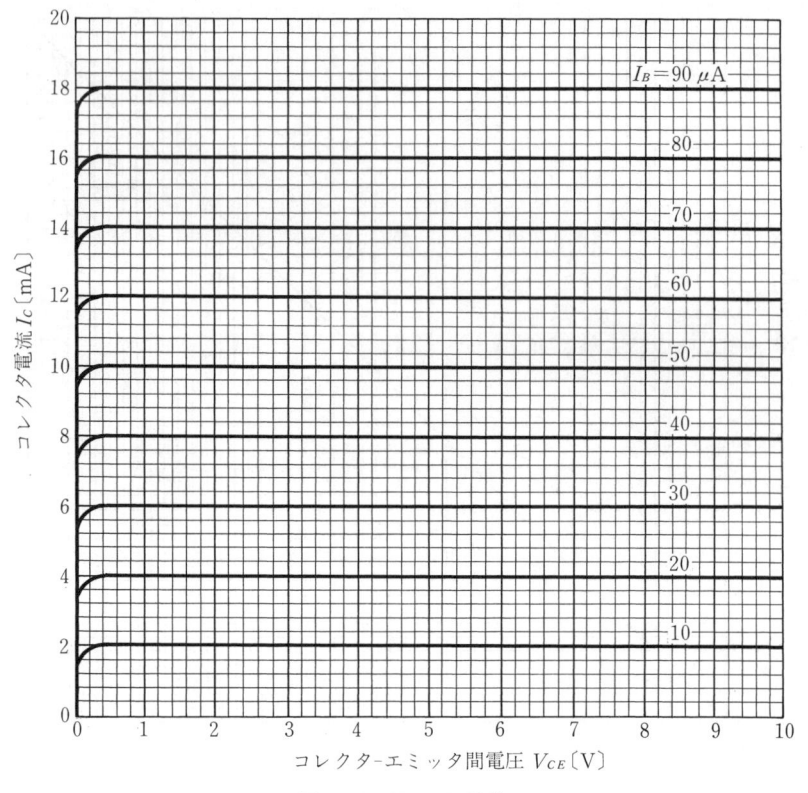

図 3.26　V_{CE} - I_C 特性

(7) 図 3.27 の回路のコレクタ電流，コレクタ-エミッタ間電圧を求めよ。ただし，トランジスタの $h_{FE} = I_C/I_B = 120$，$V_{BE} = 0.7\,\text{V}$ とする。

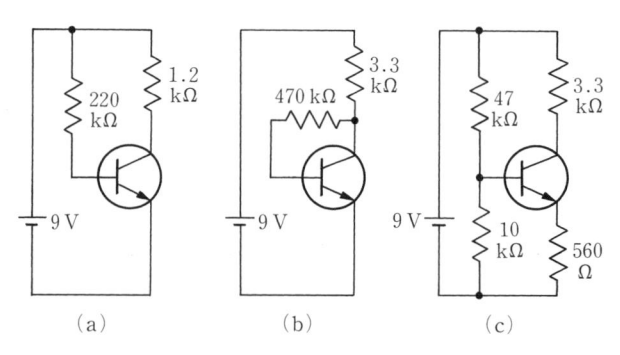

図 3.27

(8) トランジスタのバイアス回路にはどのような種類があるか。代表的な 4 種類の回路を示せ。
(9) FET とはなにの略か。また，FET には 2 種類あるが，それはなにか。
(10) 接合形 FET の構造を示せ。
(11) p チャネル MOS 形トランジスタの構造を示せ。
(12) 図 3.28 に示す特性の MOS 形 FET を用いた図 3.29 の回路で，I_D と V_{DS} を求めよ。

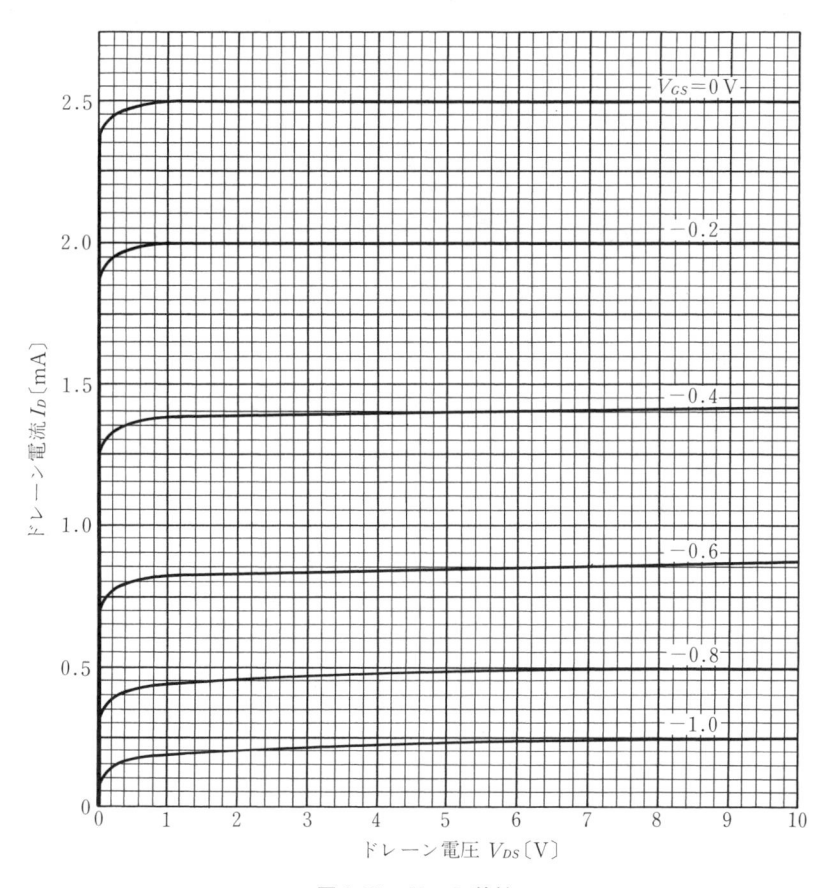

図 3.28　V_{DS}-I_D 特性

図 3.29

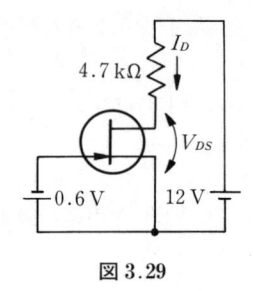

(13) ピンチオフ電圧とはなにか。
(14) LSI とはなにか。

4. 増幅回路

小さな信号を大きな信号に変えるために増幅回路が用いられる。映像や音声の信号は，最初に電気信号に変換されるときは振幅の小さな微弱な信号である。このときは雑音が入りやすく，低雑音のアナログ増幅回路が必要になる。

これらの信号は適当な振幅に増幅されたのちに，有線，無線で伝送されたり，録画や録音機器に記録されたり，メモリに書き込まれたりする。この場合，ディジタル信号に変換されることが多い。ここでは，雑音に影響されない程度に大きく増幅し，高域や低域の信号も原信号に忠実に送れるように，周波数特性やひずみの少ない増幅回路が必要である。また，伝送特性や記録機器，メモリなどのドライブ条件に適した信号に変換されることも多い。

これらの映像・音声信号は最後に光や音に戻し，人が見たり聞いたりするためには再び大電力のアナログ増幅回路が必要になる。

この章ではこれらに共通な増幅器の基本回路を学んでいこう。

4.1 増幅回路の基礎

図 4.1 (a) は，トランジスタ 1 個の増幅回路である。3 章で学んだトランジスタの基本回路に入力信号を加えるためのコンデンサ C_1 と，出力信号を取り出すコンデンサ C_2 と出力抵抗 R_L を付加したものである。

いままでは入出力信号として直流信号を扱ってきたが，実際の映像信号や音声信号では，直流成分を含まない交流信号だけの場合が多い。交流信号だけを加えたり，取り出したりするためコンデンサ C_1，C_2 が使われる。

4. 増幅回路

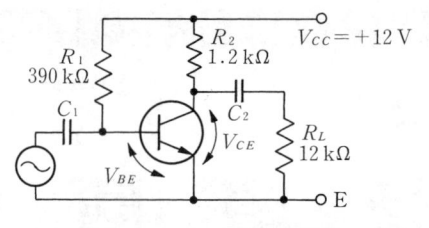

(a) トランジスタ1個の増幅回路

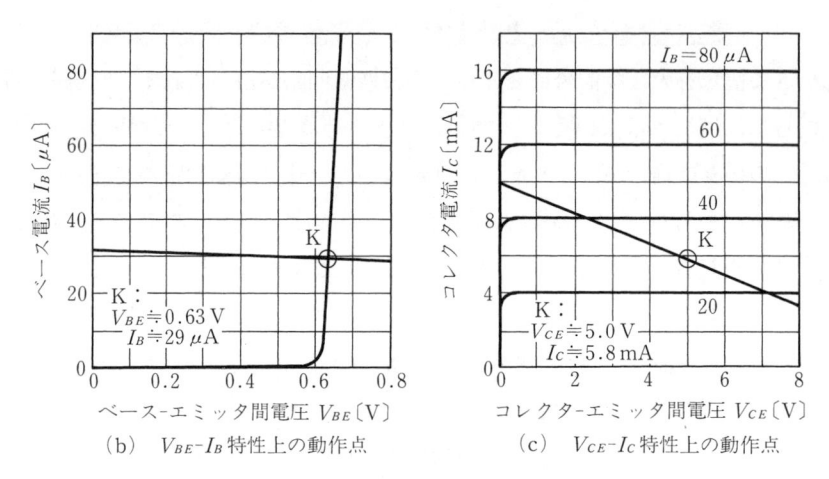

(b) V_{BE}-I_B 特性上の動作点

(c) V_{CE}-I_C 特性上の動作点

図 4.1 増幅回路とその基本動作

　この場合にもトランジスタが動作状態でなければならないから，まず，3.2.2項で述べたバイアス回路で動作点を決めて，この状態で交流信号を重畳することになる。

　図(a)では，ベース電流を I_B，コレクタ電流を I_C とすると

$$390\,\text{k}\Omega \times I_B + V_{BE} = 12\,\text{V} \tag{4.1}$$

これより，ベース電流 I_B は

$$I_B = \frac{12\,\text{V} - V_{BE}}{390\,\text{k}\Omega} = 30.8\,\mu\text{A} - \frac{V_{BE}}{0.39\,\text{M}\Omega} \tag{4.2}$$

この式を図(b)の V_{BE}-I_B 特性上に記すと，$V_{BE} = 0.5\,\text{V}$ のとき $I_B = 29.5\,\mu\text{A}$，$V_{BE} = 0.7\,\text{V}$ のとき $I_B = 29.0\,\mu\text{A}$ であるから，この2点を結ぶ直線となる。特性曲線との交点から動作点は $V_{BE} \fallingdotseq 0.63\,\text{V}$，$I_B \fallingdotseq 29\,\mu\text{A}$ となる。

一方
$$1.2\,\text{k}\Omega \times I_C + V_{CE} = 12\,\text{V} \tag{4.3}$$

これより，コレクタ電流 I_C は

$$I_C = \frac{12\,\text{V} - V_{CE}}{1.2\,\text{k}\Omega} = 10\,\text{mA} - \frac{V_{CE}}{1.2\,\text{k}\Omega} \tag{4.4}$$

これを図(c)の V_{CE}-I_C 特性曲線上に記すと，その交点から動作点は $V_{CE} \fallingdotseq 5.0\,\text{V}$, $I_C \fallingdotseq 5.8\,\text{mA}$ となる．

ここに，コンデンサ C_1 を通して，振幅が 0.01 V の正弦波信号が加えられた場合を考えてみよう．**図 4.2**(a)の V_{BE}-I_B 特性において，V_{BE} が 0.63 V を中心として 0.635 V から 0.625 V の間を変化すると，この特性に沿って，ベース電流 I_B は 29 μA を中心として 36 μA から 22 μA まで変化する．すると，図(b)の V_{CE}-I_C 特性において，V_{CE} が 5.0 V を中心として 3.4 V から 6.6 V の間を変化し，振幅は 3.2 V となる．この特性に沿って，コレクタ電流 I_C は 5.8 mA を中心として 7.2 mA から 4.4 mA まで変化する．

したがって，電圧増幅度 A_V は

$$A_V = \frac{V_{CE}\text{ の変化分}}{V_{BE}\text{ の変化分}} = \frac{6.6 - 3.4}{0.635 - 0.625} = \frac{3.2}{0.01} = 320\text{ 倍} \tag{4.5}$$

となる．一方，電流増幅度 A_I は

$$A_I = \frac{I_C\text{ の変化分}}{I_B\text{ の変化分}} = \frac{(7.2 - 4.4)\text{mA}}{(36 - 22)\mu\text{A}} = \frac{2.8\,\text{mA}}{14\,\mu\text{A}} = 200\text{ 倍} \tag{4.6}$$

となる．

このようにして信号が増幅される．なお，実際には負荷抵抗 R_L が R_2 と並列に入っているから，コレクタ回路の抵抗は

$$R = \frac{R_L R_2}{R_L + R_2} = \frac{12 \times 1.2}{12 + 1.2} = \frac{14.4}{13.2} \fallingdotseq 1.1\,\text{k}\Omega \tag{4.7}$$

となる．したがって，式(4.3)は厳密には $R \times I_C + V_{CE} = 12\text{V}$ とすべきであるが，$R_L > R_2$ であり，ここでは 1 桁違うので便宜上から $R \fallingdotseq R_2 = 1.2\,\text{k}\Omega$ として計算した．

4. 増幅回路

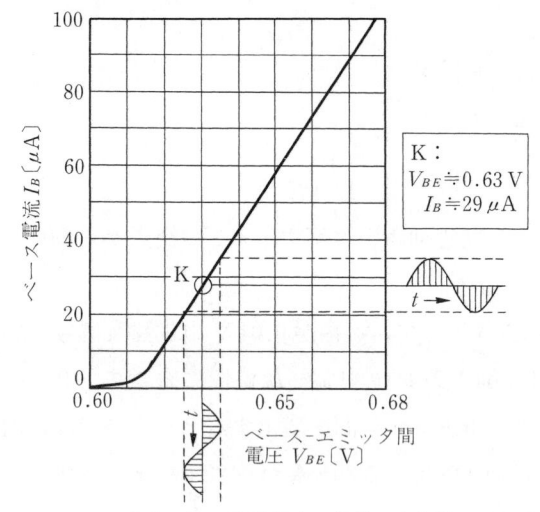

K:
$V_{BE} \fallingdotseq 0.63\,\text{V}$
$I_B \fallingdotseq 29\,\mu\text{A}$

（a） V_{BE}-I_B 特性上の信号の大きさ

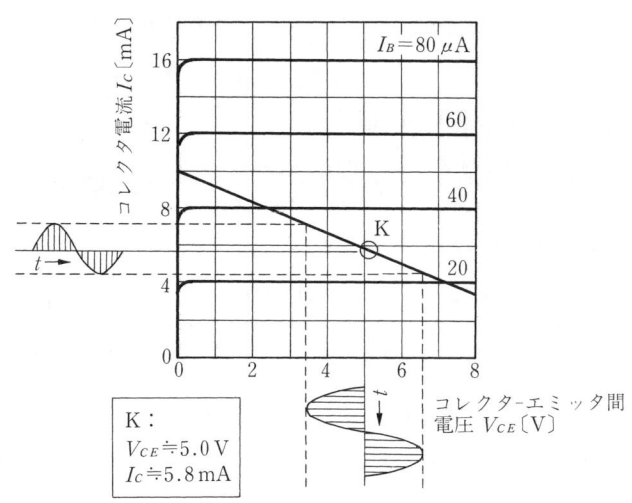

K:
$V_{CE} \fallingdotseq 5.0\,\text{V}$
$I_C \fallingdotseq 5.8\,\text{mA}$

（b） V_{CE}-I_C 特性上の信号の大きさ

図 4.2 特性と信号の大きさの関係

4.2 dB（デシベル）表示

ここで，増幅度を dB で表すことが多いので，簡単に説明しておこう。

増幅器は1段での増幅には限界があるので，所望の大きさに信号を増幅するためには図4.3のように，何段か接続して増幅することが必要になる。この場合に各増幅器の増幅度を倍率で示したものを $A_{V1}, A_{V2}, \cdots, A_{Vn}$ とし，dB で表したものを $G_{V1}, G_{V2}, \cdots, G_{Vn}$ とすると，全体の増幅度はつぎの式で表される。

$$\left. \begin{array}{l} A_V = A_{V1} \times A_{V2} \times \cdots \times A_{Vn} \quad 〔倍〕 \\ G_V = G_{V1} + G_{V2} + \cdots + G_{Vn} \quad 〔\mathrm{dB}〕 \end{array} \right\} \quad (4.8)$$

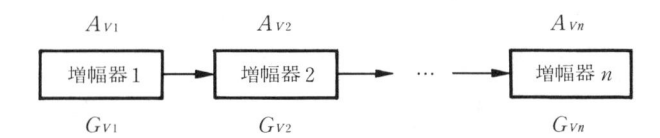

全体の増幅度：$A_V = A_{V1} \times A_{V2} \times \cdots \times A_{Vn}$〔倍〕
全体の増幅度：$G_V = G_{V1} + G_{V2} + \cdots + G_{Vn}$〔dB〕

図 4.3　多段増幅回路

倍率では積，dB では加算で表され，dB で表すと計算上から便利なことが多い。倍率と dB との関係は

$$\left. \begin{array}{l} 電圧増幅度：G_V = 20 \log_{10} A_V \quad 〔\mathrm{dB}〕 \\ 電流増幅度：G_I = 20 \log_{10} A_I \quad 〔\mathrm{dB}〕 \\ 電力増幅度：G_P = 10 \log_{10} A_P \quad 〔\mathrm{dB}〕 \end{array} \right\} \quad (4.9)$$

である。

電力増幅度は，電圧増幅度と電流増幅度の積であるから

$$\begin{aligned} G_P &= 10 \log_{10} A_P = 10 \log_{10}(A_V \times A_I) \\ &= 10 \log_{10} A_V + 10 \log_{10} A_I = \frac{G_V + G_I}{2} \quad 〔\mathrm{dB}〕 \end{aligned} \quad (4.10)$$

となる。ここで，よく使われる倍率と dB との関係を**表 4.1** に示す。

表 4.1 増幅度（倍率と dB の関係）

増幅度 A_V, A_I〔倍〕	$\frac{1}{100}$	$\frac{1}{10}$	$\frac{1}{\sqrt{10}}$	$\frac{1}{2}$	$\frac{1}{\sqrt{2}}$	1	$\sqrt{2}$	2	$\sqrt{10}$	10	100
A_P〔倍〕	$\frac{1}{10\,000}$	$\frac{1}{100}$	$\frac{1}{10}$	$\frac{1}{4}$	$\frac{1}{2}$	1	2	4	10	100	10 000
増幅度（利得）G_V, G_I, G_P〔dB〕	-40	-20	-10	-6	-3	0	3	6	10	20	40

〔注〕 $G_V = 20\log_{10}A_V$, $G_I = 20\log_{10}A_I$, $G_P = 10\log_{10}A_P = \dfrac{G_V + G_I}{2}$

表 4.1 のような基本的な数値を覚えておけば，増幅度 $A_V = 20$ であれば，デシベル表示ではつぎのように計算できる。

$$G_V = 20\log_{10}20 = 20\log_{10}(2\times 10) = 20\log_{10}2 + 20\log_{10}10 = 6 + 20$$
$$= 26\,\text{dB} \tag{4.11}$$

また，$A_I = 400$ 倍であればつぎのように計算できる。

$$G_I = 20\log_{10}400 = 20\log_{10}(2\times 2\times 100)$$
$$= 20\log_{10}2 + 20\log_{10}2 + 20\log_{10}100 = 6 + 6 + 40 = 52\,\text{dB} \tag{4.12}$$

一方，dB 表示で $G_V = 14\,\text{dB}$ は

$$G_V = 20 - 6 = 20\log_{10}10 - 20\log_{10}2 = 20\log_{10}\left(\frac{10}{2}\right) = 20\log_{10}5 \tag{4.13}$$

となり，$A_V = 5$ とわかる。また，$G_I = 24\,\text{dB}$ は

$$G_I = 4\times 6 = 4\times 20\log_{10}2 = 20\times 4\log_{10}2 = 20\log_{10}2^4 = 20\log_{10}16 \tag{4.14}$$

となり，$A_I = 16$ となる。

4.3　h パラメータ

いままでは増幅回路をトランジスタや FET と抵抗やコンデンサなどの回路素子を用いて構成し，トランジスタの特性曲線から動作条件などを求めてき

4.3 h パラメータ

た。しかし，トランジスタの動作まで立ち入らずに，入力と出力だけに注目して，これと同等な働きをするパラメータを用いて回路を表す方法がある。

図 4.4(a) に示すように，トランジスタのコレクタに負荷抵抗 R_L を接続し，抵抗 R_1 を介して信号 v_i を加える増幅回路を考えてみよう。

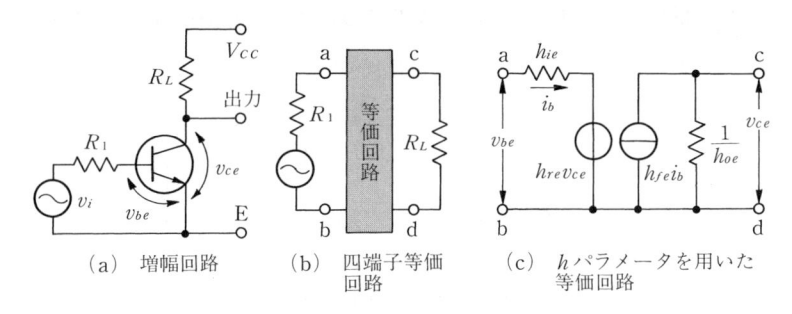

(a) 増幅回路　　(b) 四端子等価回路　　(c) h パラメータを用いた等価回路

図 4.4　等 価 回 路

トランジスタのエミッタは入力と出力で共通であり，入力はベース，出力はコレクタとすると，図 (b) に示すように，ベース，コレクタ，エミッタで四端子の等価回路で表すことができる。この等価回路の中身は，図 (c) に示すように h パラメータを用いた回路で示される。

ここで，h パラメータはトランジスタによって決まるパラメータで，つぎのようなものがある。これらはトランジスタの技術資料に値が掲載されている。

① h_{fe}：電流増幅率で，I_B‐I_C 特性曲線の傾きである。すなわち，$\Delta I_C/\Delta I_B$ であり単位はない。h パラメータの中で最もよく使われるものである。

② h_{oe}：出力アドミタンスで V_{CE}‐I_C 特性曲線の傾きである。すなわち，$\Delta I_C/\Delta V_{CE}$ であり，単位は〔S〕である。

③ h_{ie}：入力インピーダンスで，V_{BE}‐I_B 特性曲線の傾きである。すなわち，$\Delta V_{BE}/\Delta I_B$ であり単位は〔Ω〕である。

④ h_{re}：電圧帰還率で，V_{CE}‐V_{BE} 特性曲線の傾きである。すなわち，$\Delta V_{BE}/\Delta V_{CE}$ であり，単位はない。

また，図 (c) で $h_{re}v_{ce}$ は定電圧源といわれ，どのような負荷条件でも，ここ

につねに $h_{re}v_{ce}$ の電圧が発生ていることを表している。すなわち，内部抵抗 0 の電圧発生源である。一方，$h_{fe}i_b$ は定電流源といわれ，どのような負荷条件でも，ここを $h_{fe}i_b$ の電流がつねに流れていることを表している。内部抵抗無限大の電流発生源である。

図(c)では回路が複雑なので，目安をつけるためには**図 4.5** に示すような簡略化した簡易等価回路が用いられることがある。

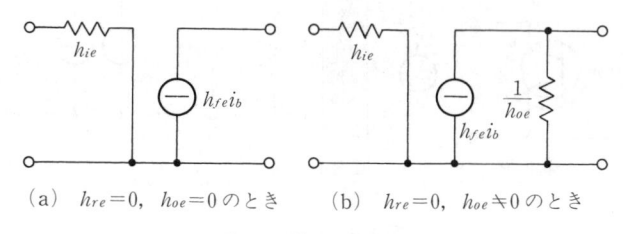

（a）$h_{re}=0$，$h_{oe}=0$ のとき　　（b）$h_{re}=0$，$h_{oe}\not=0$ のとき

図 4.5　簡易等価回路

4.4　h パラメータによる特性の求め方

図 4.6 の増幅回路の特性を h パラメータを用いて求めてみよう。

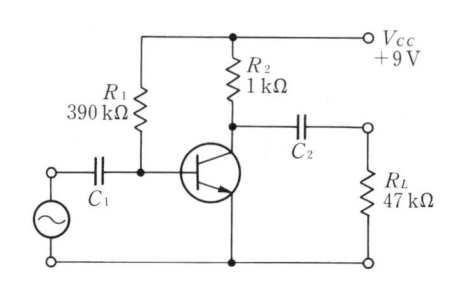

図 4.6　エミッタ接地増幅回路

トランジスタ 2SC 2714 の h パラメータは，技術資料によると**図 4.7** のようになっている。各 h パラメータの値はコレクタ電流 I_C によって大きく変化しているので，そこでの値を用いる必要がある。図 4.6 の増幅回路は**図 4.8(a)** で表される。また，この等価回路では h_{oe}，h_{re} は十分に小さいので無視すると図(b)となる。

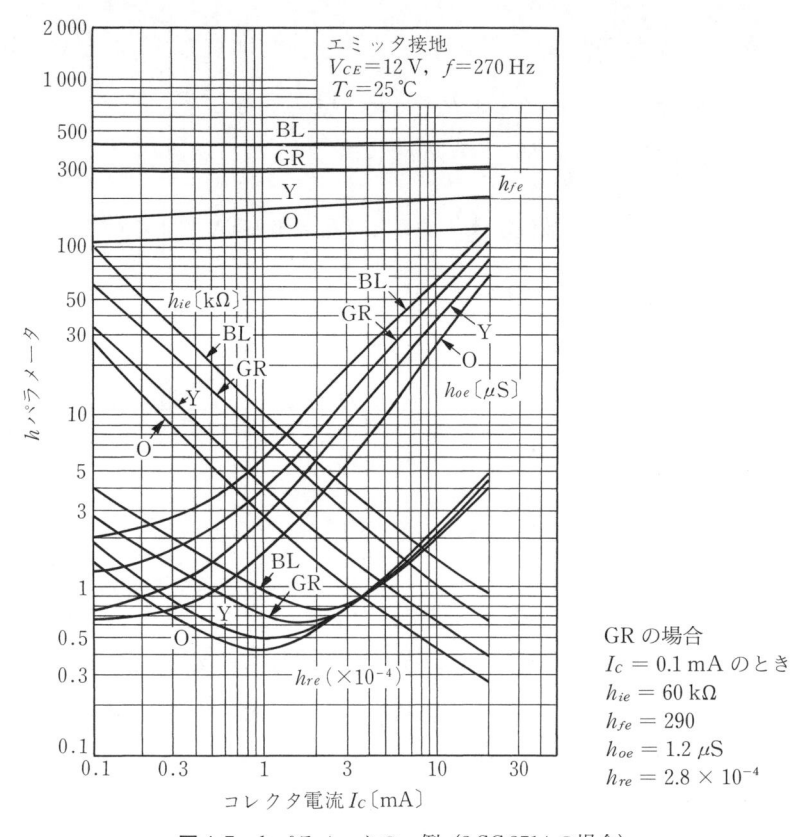

4.4 h パラメータによる特性の求め方　　53

図 4.7　h パラメータの一例（2 SC 2714 の場合）

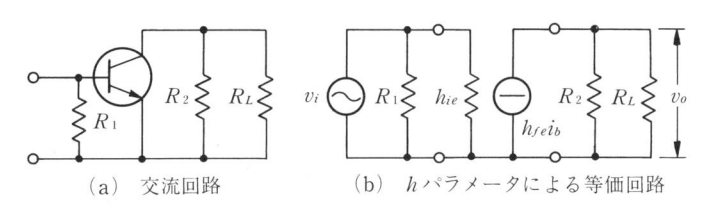

GR の場合
$I_C = 0.1$ mA のとき
$h_{ie} = 60$ kΩ
$h_{fe} = 290$
$h_{oe} = 1.2$ μS
$h_{re} = 2.8 \times 10^{-4}$

エミッタ接地
$V_{CE} = 12$ V，$f = 270$ Hz
$T_a = 25$ ℃

（a）交流回路　　（b）h パラメータによる等価回路

図 4.8　交流回路と等価回路

増幅度：$A_V = \dfrac{v_o}{v_i}$ 　　　　　　　　　　　　　　　　　(4.15)

ここで，R_L，R_2 の並列抵抗を R_L' とすると

54　4. 増幅回路

$$R_{L}' = \frac{R_L R_2}{R_L + R_2} \tag{4.16}$$

一般に，$R_L \gg R_2$ であるから，$R_{L}' \fallingdotseq R_2$ である。そこで

$$A_V = \frac{i_c R_2}{h_{ie} i_b} = \frac{h_{fe} i_b R_2}{h_{ie} i_b} = \frac{h_{fe} R_2}{h_{ie}} \tag{4.17}$$

図 4.7 から読み取った数値を代入すると（$I_C = 0.1\text{mA}$ とする）

$$A_V = \frac{290 \times 1\,\text{k}\Omega}{60\,\text{k}\Omega} = 4.8\,\text{倍} \tag{4.18}$$

となる。

一方，電流増幅度は，トランジスタの出力電流 i_c と入力電流 i_b の比であるから

$$A_i = \frac{i_c}{i_b} = h_{fe} \tag{4.19}$$

となる。

つぎに，入出力インピーダンスを計算してみよう。

図 4.8(a) で，トランジスタに信号が加わるのはベース-エミッタ間であるが，ここから右側をみると，この回路にはトランジスタの負荷が接続されたことになる。したがって，この負荷を Z_i とすれば，これが入力インピーダンスになる。同様に，出力側からの負荷抵抗 R_L から左側をみるとコレクタ-エミッタ間になんらかのインピーダンスが生じている。これをトランジスタの出力インピーダンス Z_o という。

入力インピーダンス Z_i は，図(b)より h_{ie} である。

$$Z_i = h_{ie} \tag{4.20}$$

また，出力インピーダンス Z_o は電流源 $h_{fe} i_b$ の内部インピーダンスということになる。電流源は一定の電流がつねに流れている電源であるから，内部インピーダンスは非常に大きい。この値は図(b)では省略したが，前節に示したように $1/h_{oe}$ である。

$$Z_o = \frac{1}{h_{oe}} \tag{4.21}$$

なお，図(b)の回路全体でみると，R_1 にトランジスタの入力インピーダンス Z_i が接続されたとみなされるので，全体の入力インピーダンス Z_{it} は

$$Z_{it} = \frac{R_1 Z_i}{R_1 + Z_i} \tag{4.22}$$

となる。同様に，回路全体の出力インピーダンス Z_{ot} は

$$Z_{ot} = \frac{R_2 Z_o}{R_2 + Z_o} \tag{4.23}$$

となる。このように四端子網で表すと，入出力インピーダンスはそれぞれのインピーダンスの並列接続で考えることができる。

4.5 増幅器の周波数特性

電気信号は周波数特性を持っている。ラジオ放送や音声の電話では数 kHz の周波数帯域の信号を扱えばよいが，映像信号では数 MHz の周波数帯域が必要である。さらに HDTV (high definition television system：高精細テレビ) では 40 MHz 程度の信号を扱う必要がある。このように，増幅器ではどの程度の周波数帯域の信号を扱うかによって回路の設計手法が大きく変わってくる。

図 4.9 は，ビデオカメラなどに使用する増幅器に必要な周波数帯域幅である。数 Hz の低周波から数 MHz の高周波まで信号を増幅することが必要で，中でも 2～3 MHz 付近で輪郭強調のために若干周波数特性を高くしている。

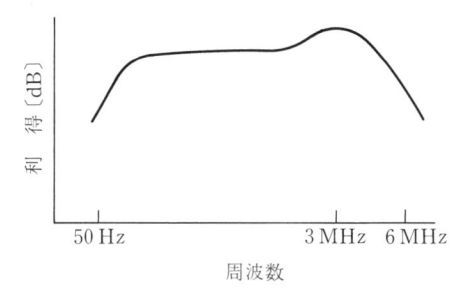

図 4.9 ビデオカメラの映像増幅器の周波数特性の一例

輪郭強調の周波数は受像機も含めたトータルシステムで決定されるもので，遠くから見る場合には 1.7 MHz 程度の比較的低い周波数のほうが解像感が増すともいわれている。

また，周波数特性が所定の増幅度よりも 3 dB 低下する範囲を周波数帯域幅または周波数帯域という。なお，3 dB 低下する周波数をカットオフ周波数という。では，周波数によって増幅度がなぜ低下するのか，その原因を調べていこう。

〔1〕 **低周波での増幅度の低下** 増幅器では**図 4.10** に示すように，信号成分だけを通すために，C_1，C_2 のカップリングコンデンサを用いている。コンデンサのインピーダンスは $1/(j\omega C)$ であるから，角周波数 ω が低くなるとインピーダンスは大きくなる。トランジスタの入力インピーダンスに対して無視できなくなると，コンデンサによる電圧低下が大きくなり，トランジスタの入力信号が小さくなるからである。

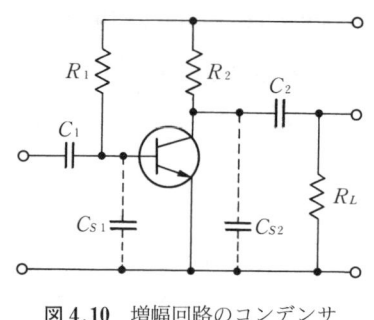

図 4.10 増幅回路のコンデンサ C_{S1}，C_{S2} による影響

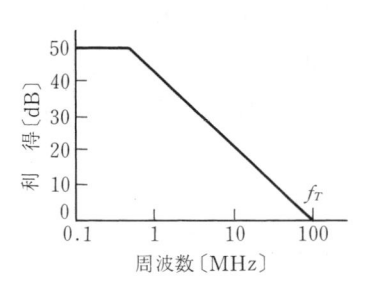

図 4.11 h_{fe} の周波数特性の一例

〔2〕 **高周波での増幅度の低下** 第一にトランジスタや FET などの増幅素子の高周波特性に起因する。トランジスタの h_{fe} を dB で表し，縦軸に電流増幅度 $20 \log_{10} h_{fe}$ を，横軸に周波数 f を対数目盛でとってグラフに表すと，周波数特性は**図 4.11** に示すようになる。h_{fe} は，高周波では周波数が 2 倍になると 1/2 倍，つまり 6 dB 低下する。したがって，$h_{fe} = 1$，図では 0 dB になる周波数を f_T とすれば，h_{fe} が低下している高周波の領域では周波数 f と h_{fe}

の関係は

$$h_{fe} \cdot f = f_T \tag{4.24}$$

で表される。

　ここで，f_T をトランジション周波数という。f_T はトランジスタの周波数特性を知る手がかりとなる。なお，電流増幅度が $1/\sqrt{2}$ 倍，つまり 3 dB 低下する周波数 f_β を遮断周波数という。

　高周波での増幅度の低下は，このほかに IC 内部やプリント基板などの配線が近接して並行に設けられている場合に生じる配線間の浮遊容量による低下などがある。図 4.10 で示したように，ベース-アース間に浮遊容量 C_{s1} があると，ω が大きくなった場合，$1/(j\omega C_{s1})$ が小さくなる。すると，入力信号がここで低下して，トランジスタの入力に送り込めなくなる。一方，コレクタ-アース間に浮遊容量 C_{s2} があると，インピーダンスは $1/(j\omega C_{s2})$ となるから，ω が大きくなると無視できなくなり，出力信号も小さくなる。

4.6　ひ　ず　み

　増幅器は信号の増幅を行うのが目的であるから，通常は入力された信号の波形がひずみなく正確に出力されなければならない。特に身近な画像信号や音声信号は，ひずみがあると画質，音質が大きく損なわれて違和感がある。そこで画像や音声信号の増幅には波形を正確に伝送することが必要になる。

　波形の正確な伝送には振幅と位相の両面にわたって正確な伝送が要求される。しかしながら，注意してみるとトランジスタの特性が完全な直線範囲にあるのはごくわずかしかない。そこで，無ひずみの伝送を行うには細心の注意が必要になる。

　図 4.12 は，トランジスタの V_{BE}-I_B 特性と V_{CE}-I_C 特性で入力信号がどのようにひずむかを説明したものである。図 (a) で動作点 K を中心に入力信号 v_{be} が加えられると，V_{BE}-I_B 特性上を変化してベース電流 i_b が変化する。信

58　　4. 増 幅 回 路

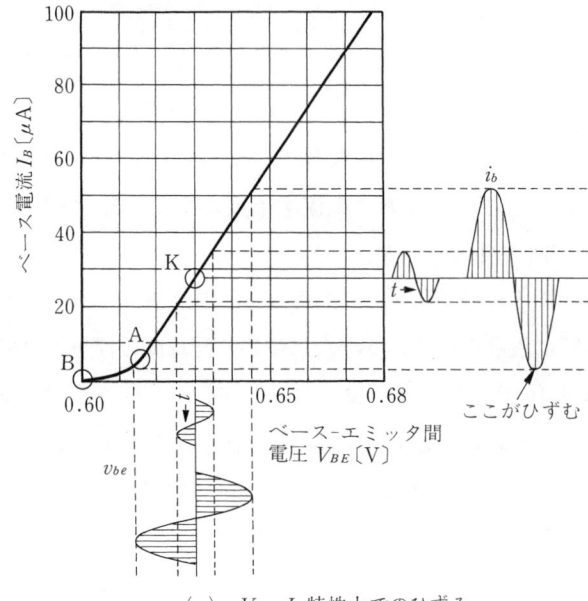

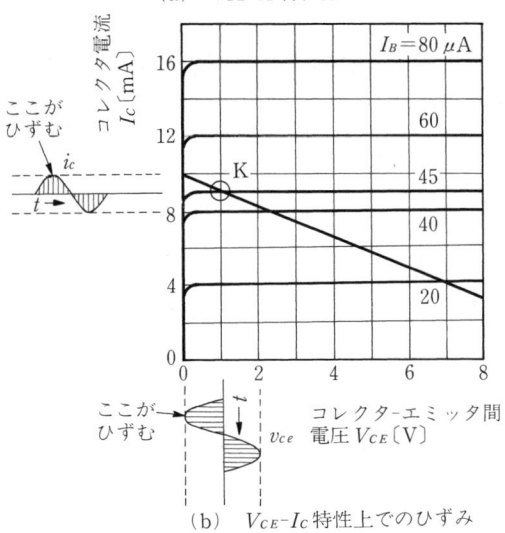

(a) V_{BE}-I_B 特性上でのひずみ

(b) V_{CE}-I_C 特性上でのひずみ

図 4.12　増幅器によるひずみ

号の振幅が十分小さければ動作点を中心にほぼ直線の範囲でベース電流 i_b が変化するからひずみは生じない。しかし，入力信号 v_{be} が大きくなって，V_{BE} - I_B 特性の直線範囲の点 A を超えると比例関係がなくなるから，i_b のピーク近くが小さくなりすぎてひずみを発生する。また，入力信号 v_{be} が大きくなって，V_{BE} - I_B 特性のカットオフの点 B を超えると電流が流れなくなるから，遮断されて信号がクリップされる。動作点を電流が小さい下側に設定した場合にこの現象が起こりやすい。

ひずみは図(b)の V_{CE} - I_C 特性でも発生する。コレクタ電流 i_c が動作点 K を中心とする直線範囲で変化していれば問題はないが，動作点が特性上の左右にかたよったり，信号の振幅が大きくなりすぎると，直線範囲を超えてしまい，信号が曲がったり，クリップされたりして，ひずみが発生する。信号がクリップされた状態では明らかにひずんでいることがわかるが，実際の波形ではなかなか判別がつきにくい。そこでひずみ率計で測定したり，スペクトラムアナライザで周波数成分を分析して測定する。純粋な正弦波であれば所定の単一周波数成分しか現れないが，ひずみがあると多数の周波数成分（高調波成分）が現れる。

ひずみ率は

$$\text{ひずみ率} = \frac{\sqrt{V_2^2 + V_3^2 + \cdots + V_n^2}}{V_1} \tag{4.25}$$

で表し，通常は％で示す。V_1 は所定の周波数の基本波成分の実効値，V_2，V_3，…，V_n は高調波成分の実効値である。

ここで，電圧波形でよく用いられる瞬時値と実効値を説明しておこう。

正弦波交流電圧 v は一般に次式で表される。

$$v = V_m \sin(\omega t - \theta) \tag{4.26}$$

この波形は**図 4.13** に示すように，時刻 t とともに，波形が正弦波状に変化している。最大値（交流信号の振幅ともいう）が V_m で，周期が T で示されている。v は任意の時刻での電圧を示しているので，時刻 t での瞬時値という。正弦波の振幅は周期的に変化して再び元の値に戻る。このように変化して

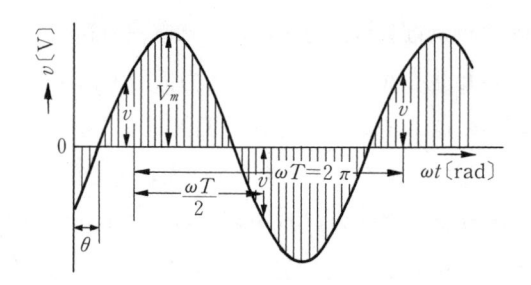

図 4.13　正弦波交流電圧の波形

再び同じ値の振幅になるまでを1周期といい，T で表している。また，正弦波は，数学によれば

$$\sin\omega t = \sin(\omega t + 2\pi) \tag{4.27}$$

であるから，$\omega T = 2\pi$ となる。したがって

$$\omega = \frac{2\pi}{T} \ \text{[rad/s]} \tag{4.28}$$

ω は角周波数で，$1/T = f$ であるから，周波数 f と ω の関係は

$$\omega = 2\pi f \tag{4.29}$$

で表される。

　交流信号の電圧や電流の振幅は，時間とともに変化している。その大きさは，最大値 V_m で表すこともできるが，瞬時値の2乗の平均値の平方根である実効値で表すことが多い。実効値 V_e は

$$V_e = V_m\sqrt{\frac{1}{T}\int_0^T \sin^2\omega t\,dt} = V_m\sqrt{\frac{1}{T}\cdot\frac{T}{2}} = \frac{V_m}{\sqrt{2}} \fallingdotseq 0.707\,V_m \tag{4.30}$$

で表すことができる。

練 習 問 題

（1）増幅度について，つぎの問に答えよ。
　　（a）電圧増幅度 A_V〔倍率〕と G_V〔dB〕の関係を式で示せ。
　　（b）電流増幅度 A_I〔倍率〕と G_I〔dB〕の関係を式で示せ。
　　（c）電力増幅度 A_P〔倍率〕と G_P〔dB〕の関係を式で示せ。

(d) G_P〔dB〕を G_V〔dB〕, G_I〔dB〕で表すと $G_P = (G_V + G_I)/2$ の関係がある。これを証明せよ。

(e) 電圧増幅度 A_{Vn} の増幅器が n 段に縦続接続されているとき, 全体の増幅度 A_{VT} はいくらになるか。A_{VT} を A_{Vn} で表せ。

(f) 増幅器の電圧増幅度 G_{Vn}〔dB〕とすると, 全体の増幅度 G_{VT} はいくらになるか。G_{VT} を G_{Vn} で表せ。さらに, G_{VT} を A_{Vn} で表せ。

(2) 電圧増幅度で, つぎの値を dB で表せ。ただし, 2 倍は $20\log_{10}2 = 6\,\mathrm{dB}$ とする。

1 倍, 10 倍, 100 倍, 4 倍, 20 倍, 40 倍, 1/2 倍, $1/\sqrt{2}$ 倍

(3) つぎの dB で表した電圧増幅度は倍率で表すといくらになるか。ただし, 6 dB=2 倍とする。

14 dB, 18 dB, 20 dB, 24 dB, 26 dB, 52 dB

(4) 4 種類の h パラメータの名前を示し, なにを表す特性曲線の傾きかを説明せよ。

(5) 図 4.14(a)の回路で, 入力に $10\,\mathrm{mV_{p-p}}$ の交流電圧を加えたとき, トランジスタのベースには図(b)のような電流が流れた。トランジスタの特性を図 3.24〜3.26 に示すものとしたとき, つぎの問に答えよ。

(a) コレクタ直流電流, コレクタ-エミッタ間直流電圧を求めよ。
(b) コレクタ信号電流, コレクタ-エミッタ間信号電圧の波形を描け。
(c) 電圧増幅度はいくらか。

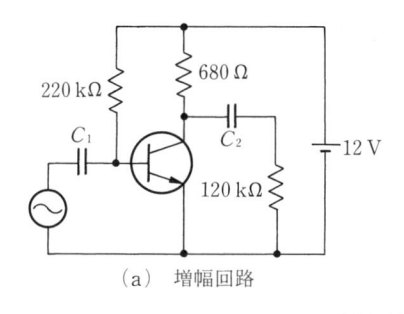

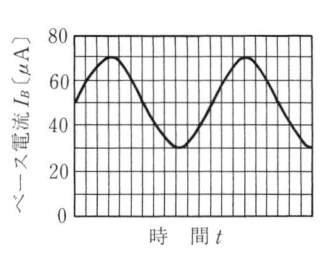

(a) 増幅回路　　　　(b) ベース電流の波形

図 4.14

(6) 図 4.15 は, トランジスタを用いた増幅回路である。つぎの問に答えよ。

(a) 抵抗 R_1, R_2 の役割はなにか。
(b) C_1, C_2 の役割はなにか。
(c) C_E の役割はなにか。

62　4. 増 幅 回 路

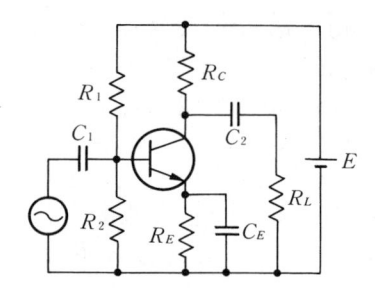

図 4.15

(d)　R_E の役割はなにか。
(e)　電圧増幅度, 入出力インピーダンスはいくらになるか。トランジスタの h 定数を h_{fe}, h_{ie} とする。
(f)　$R_1 = 56\,\mathrm{k\Omega}$, $R_2 = 12\,\mathrm{k\Omega}$, $R_C = 5.6\,\mathrm{k\Omega}$, $R_E = 1\,\mathrm{k\Omega}$, $R_L = 4.7\,\mathrm{k\Omega}$, $E = 9\,\mathrm{V}$, $h_{fe} = 170$, $h_{ie} = 4.35\,\mathrm{k\Omega}$ とすると, 電圧増幅度, 入出力インピーダンス Z_{io}, Z_{oo} はいくらになるか。
(g)　コンデンサ C_1 によって周波数特性が 3 dB 低下する低域の周波数 f_{L1} を式で示せ。
　　また, $C_1 = 3.3\,\mu\mathrm{F}$ とすると 3 dB 低下する低域の周波数 f_{L1} はいくらか。
(h)　コンデンサ C_E によって周波数特性が 3 dB 低下する低域の周波数 f_{LE} を式で示せ。
　　また, $C_E = 47\,\mu\mathrm{F}$ とすると 3 dB 低下する低域の周波数 f_{LE} はいくらか。

(7)　図 4.16 の交流回路で, エミッタに接続されたインピーダンス Z_e がベース端子からみると $(1 + h_{fe})Z_e$ となることを証明せよ。

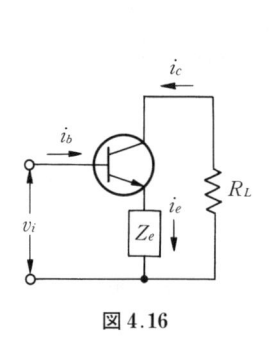

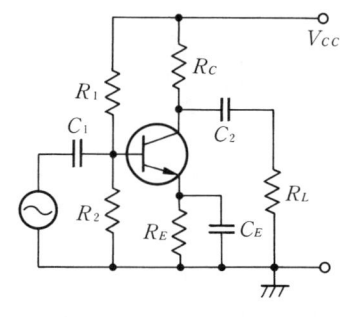

図 4.16　　　　　図 4.17　RC 結合増幅回路

(8)　図 4.17 の RC 結合増幅回路で最適動作点を求めよ。トランジスタの特性は図 4.18 に示すものとする。ただし, $V_{CC} = 12\,\mathrm{V}$, $R_C = 4.7\,\mathrm{k\Omega}$, $R_E = 1.2\,\mathrm{k\Omega}$,

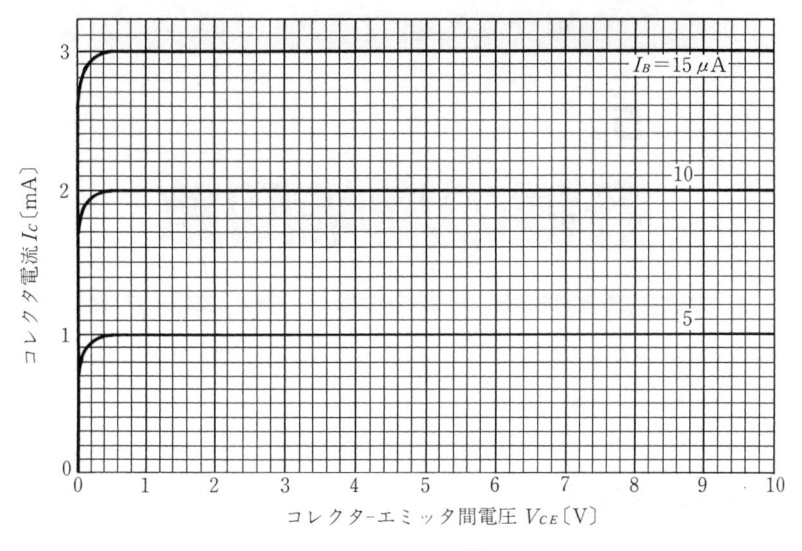

図 4.18 V_{CE} - I_C 特性

$R_L = 10\,\mathrm{k\Omega}$ とする.

(9) $\sin(\omega t + 2\pi) = \sin\omega t$ となることを証明せよ.

(10) 図 4.19 で K_1, K_2, K_3 のような3種類の動作点を設定して,入力波形 i_b(先頭値が $\pm 5\,\mu\mathrm{A}$ の正弦波)の信号が加えられたとき,出力信号の波形 i_c を図示せよ.

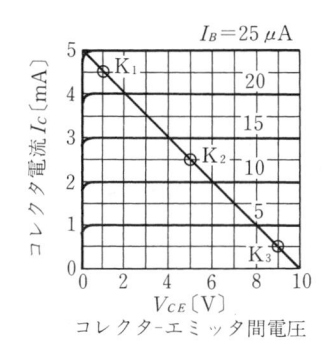

図 4.19 V_{CE} - I_C 特性とバイアス点

5. 各種の増幅回路

前章では増幅器の基本構成を学んだが,この章では特性をよくするために工夫を施された増幅回路を学んでいくことにしよう。

5.1 負帰還増幅回路

増幅回路の出力信号の一部を入力へ戻すことを帰還(feedback)という。帰還には図5.1のように,入力信号 v_i と同相で帰還信号 v_f を戻す正帰還(positive feedback)と,逆相で戻す負帰還(negative feedback)とがある。帰還信号の大きさ V_f は帰還率 β で決まる。出力信号の大きさを V_o とすると帰還率 β は

$$\beta = \frac{V_f}{V_o} \tag{5.1}$$

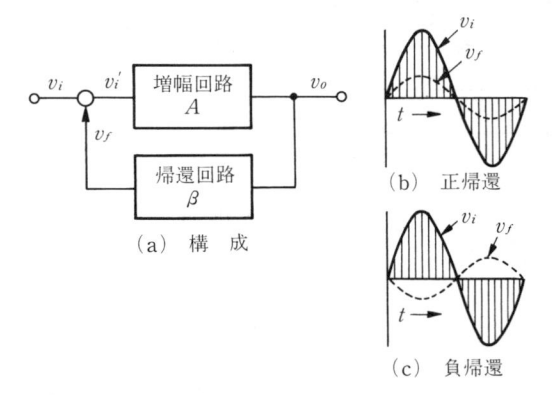

図5.1 帰還回路

5.1 負帰還増幅回路

となる。ここに，V_f, V_o はそれぞれ v_f, v_o の実効値である。

正帰還は後述する発振器に用いられるが，増幅器としては負帰還が用いられる。

負帰還回路の特徴は
① 増幅度など回路が安定する
② ひずみ，雑音が低減される
③ 周波数特性が改善される
④ 入力インピーダンスが高く，出力インピーダンスが低くなる

などである。これらを順次説明していこう。

5.1.1 増　幅　度

図 5.1 のブロック図で負帰還回路の増幅度を考えてみよう。

増幅回路自体の増幅度を A，増幅回路に加わる入力を V_i' とすると

$$A = \frac{V_o}{V_i'}, \quad V_f = \beta V_o, \quad V_i' = V_i - V_f \tag{5.2}$$

であるから，負帰還回路全体の増幅度 A_T は

$$A_T = \frac{V_o}{V_i} = \frac{V_o}{V_i' + V_f} = \frac{V_o}{\frac{V_o}{A} + \beta V_o} = \frac{1}{\frac{1}{A} + \beta} = \frac{A}{1 + A\beta} \tag{5.3}$$

ここで，$1/A \ll \beta$ であれば

$$A_T \fallingdotseq \frac{1}{\beta} \tag{5.4}$$

となる。

負帰還回路は，抵抗など，温度や湿度に対して特性の比較的安定した素子で構成されるから，β の値も安定したものとなり，その結果，増幅度は温度や湿度の変化に対しても影響されず安定なものとなる。

5.1.2 周波数特性

負帰還をかけると負帰還回路全体としての増幅度 A_T は前述したように，1/

$(1+A\beta)$ だけ減少する．すべての周波数帯域にわたって，増幅率は低下するが，低域や高域では低下の度合いが減少し，その結果，図 5.2 に示したように，周波数帯域は広くなる．

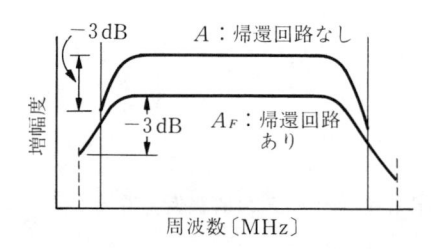

図 5.2　負帰還回路の周波数特性

計算によると，増幅度が 3 dB 低下する低域の遮断周波数 f_L は $(1+A\beta)$ だけ低くなり，同様に，高域では $1/(1+A\beta)$ だけ高くなる．このようにして，低域，高域ともに周波数特性が改善される．

5.1.3　エミッタ抵抗による負帰還

図 5.3 は，トランジスタのエミッタに抵抗 R_E を入れた負帰還回路である．この回路の交流回路は図 (b) に示すようになる．ここで，$i_e = i_b + i_c \fallingdotseq i_c$ であるから，v_f はつぎの式で表される．

$$v_f = R_E i_e \fallingdotseq R_E i_c \tag{5.5}$$

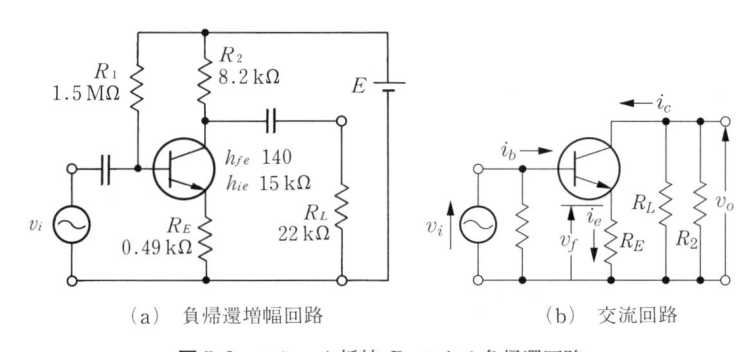

(a)　負帰還増幅回路　　　　(b)　交流回路

図 5.3　エミッタ抵抗 R_E による負帰還回路

一方，v_f と v_i は図 5.4 に示すように，トランジスタのベース-エミッタ間から展開してみると，信号の向きが逆になっている．すなわち，入力端子に加

5.1 負帰還増幅回路

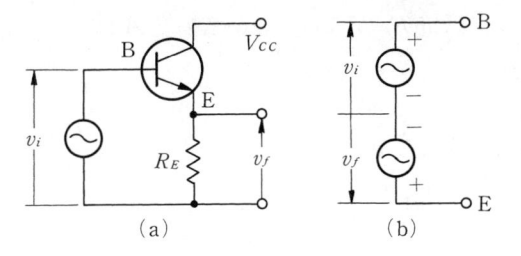

図 5.4 v_i と v_f の関係

えられている入力信号 v_i と，帰還によって入力される信号 v_f とは，逆位相の関係でトランジスタのベース-エミッタ間に加えられる。このことからエミッタ抵抗は負帰還の作用があるといえる。

このときの増幅度を考えてみよう。

図 5.3 に示した回路の等価回路は**図 5.5** のようになる。ここで

$$V_o = R_L' I_c, \quad V_f = R_E I_e = R_E (I_b + I_c) \tag{5.6}$$

であるから

$$\beta = \frac{V_f}{V_o} = \frac{R_E(I_b + I_c)}{R_L' I_c} = \frac{(1 + h_{fe})R_E}{h_{fe} R_L'} \tag{5.7}$$

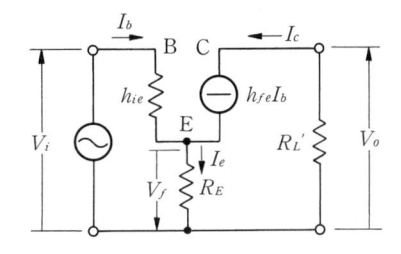

図 5.5 等価回路

一方，負帰還回路の増幅度 A_T は

$$A_T = \frac{A}{1 + A\beta} \tag{5.8}$$

であるから，これに前式を代入すると

$$A_T = \frac{A}{1 + A \cdot \dfrac{(1 + h_{fe})R_E}{h_{fe} R_L'}} \tag{5.9}$$

負帰還のエミッタ抵抗 R_E がないときの増幅度 A は

$$A = \frac{h_{fe}R_L'}{h_{ie}} \tag{5.10}$$

であるから，これを代入して

$$A_T = \frac{\dfrac{h_{fe}R_L'}{h_{ie}}}{1 + \dfrac{h_{fe}R_L'}{h_{ie}} \cdot \dfrac{(1+h_{fe})R_E}{h_{fe}R_L'}} = \frac{\dfrac{h_{fe}R_L'}{h_{ie}}}{1 + \dfrac{(1+h_{fe})R_E}{h_{ie}}}$$

$$= \frac{h_{fe}R_L'}{h_{ie} + (1+h_{fe})R_E} \tag{5.11}$$

R_L' は R_L と R_2 との並列抵抗であるから

$$R_L' = \frac{R_2 R_L}{R_2 + R_L} \tag{5.12}$$

ここで，$h_{fe} = 140$, $h_{ie} = 15\,\mathrm{k\Omega}$, $R_1 = 1.5\,\mathrm{M\Omega}$, $R_2 = 8.2\,\mathrm{k\Omega}$, $R_L = 22\,\mathrm{k\Omega}$, $R_E = 0.49\,\mathrm{k\Omega}$ を代入して計算すると

$$R_L' = \frac{R_2 R_L}{R_2 + R_L} = \frac{8.2 \times 22}{8.2 + 22} = 5.97\,\mathrm{k\Omega}$$

であるから

$$A_T = \frac{h_{fe}R_L'}{h_{ie} + (1+h_{fe})R_E} = \frac{140 \times 5.97}{15 + (1+140) \times 0.49} = 9.94\,倍 \tag{5.13}$$

となる。

つぎに，この負帰還回路の入力インピーダンスを求める。図 5.5 の等価回路で，入力側では

$$V_i = h_{ie}I_b + R_E(I_b + I_c) = h_{ie}I_b + (1+h_{fe})R_E I_b$$
$$= \{h_{ie} + (1+h_{fe})R_E\}I_b \tag{5.14}$$

となる。したがって

$$Z_i = h_{ie} + (1+h_{fe})R_E \tag{5.15}$$

この式より，エミッタ抵抗 R_E は，ベースに $(1+h_{fe})R_E$ の抵抗を入れたのと同等な働きを持っていることがわかる。

5.1.4 2段増幅回路の負帰還

図5.6は増幅器を2段接続し，2段目の増幅回路の出力からフィードバック抵抗 R_F によって1段目の増幅回路のエミッタに負帰還を行ったものである。

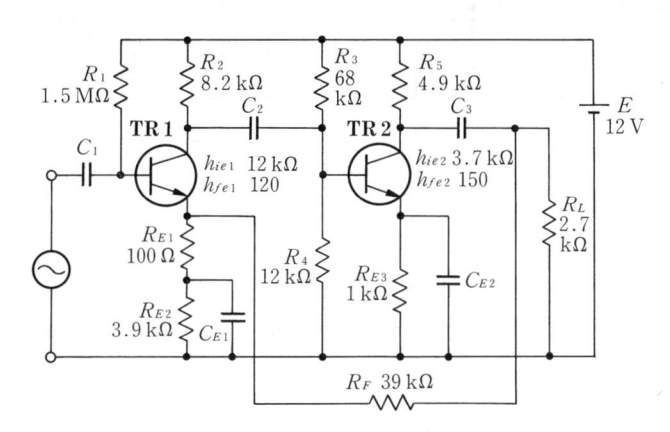

図5.6 2段増幅回路の負帰還回路

図5.7は，この回路の交流回路を示したものである。また，h パラメータを用いて等価回路で表すと図5.8のようになる。ここで，R_L' は R_5 と R_L の並列合成抵抗（1.74 kΩ），R_6 は R_2, R_3, R_4 の並列合成抵抗（4.55 kΩ）である。トランジスタ TR1 のエミッタ抵抗 R_{E1} や合成負荷抵抗 R_L' がフィードバック抵抗 R_F より十分小さければ

$$V_f = \frac{R_{E1} V_o}{R_F + R_{E1}} \tag{5.16}$$

となる。一方，V_i と V_f は前述したように，TR1のベース-エミッタ間から

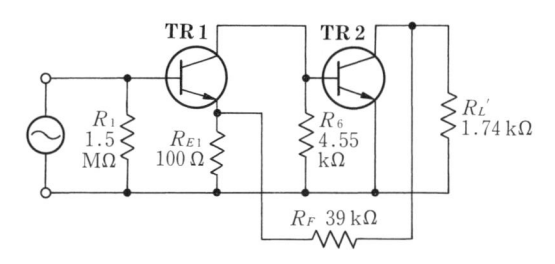

図5.7 交流回路

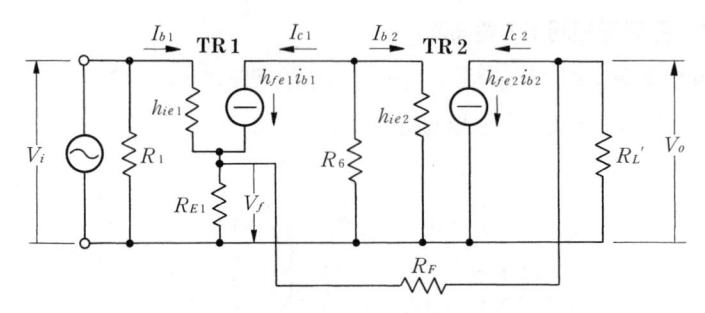

図5.8 等価回路

見れば逆位相になるから，負帰還が行われていることになる。

つぎに，この回路の増幅度を求めてみよう。

ここでは，まずフィードバック抵抗 R_F をはずしたときの増幅度 A_T' と帰還率 β を求めて，全体の増幅度 A_T を求めることにしよう。

$$V_i = h_{ie1}I_{b1} + R_{E1}(I_{b1} + I_{c1}) \tag{5.17}$$

$$V_o = \frac{R_6 h_{ie1} I_{c1}}{R_6 + h_{ie1}} \tag{5.18}$$

ここに，$I_{c1} = h_{fe1}I_{b1}$ であるから，これを V_i の式に代入して

$$V_i = \{h_{ie1} + R_{E1}(1 + h_{fe1})\}I_{b1} \tag{5.19}$$

$$A_1 = \frac{V_o}{V_i} = \frac{\dfrac{R_6 h_{ie1} I_{c1}}{R_6 + h_{ie1}}}{\{h_{ie1} + R_{E1}(1 + h_{fe1})\}I_{b1}}$$

$$= \frac{R_6 h_{ie1} h_{fe1}}{(R_6 + h_{ie1})\{h_{ie1} + R_{E1}(1 + h_{fe1})\}} \tag{5.20}$$

ここで，数値を入れて計算すると

$$A_1 = \frac{4.55 \times 12 \times 120}{(4.55 + 12)\{12 + 0.1(1 + 120)\}} = \frac{6552}{16.55 \times 24.1} = 16.4 \text{ 倍} \tag{5.21}$$

となる。

一方，後段は基本回路の増幅回路であるから

$$A_2 = \frac{h_{fe2} R_L'}{h_{ie2}} \tag{5.22}$$

数値を入れて計算すると

$$A_2 = \frac{150 \times 1.74}{3.7} = 70.5 \text{ 倍} \tag{5.23}$$

したがって，全体の増幅度 A_T は

$$A_T' = A_1 A_2 = 16.4 \times 70.5 = 1\,156 \text{ 倍} \tag{5.24}$$

となる。

ここで，$\beta = V_f/V_o$ であり，前述したように

$$V_f = \frac{R_{E1} V_o}{R_F + R_{E1}} \tag{5.25}$$

であるから，帰還率 β は

$$\beta = \frac{R_{E1}}{R_F + R_{E1}} \tag{5.26}$$

となる。数値を入れて計算すると

$$\beta = \frac{0.1}{39 + 0.1} = 2.56 \times 10^{-3} \tag{5.27}$$

全体の増幅度 A_T は

$$A_T = \frac{A_T'}{1 + \beta A_T'} \tag{5.28}$$

であるから，以上の数値を代入すると

$$A_T = \frac{1\,156}{1 + 2.56 \times 10^{-3} \times 1\,156} = 292 \text{ 倍} \tag{5.29}$$

となり，約 290 倍となる。

5.1.5 エミッタホロワ

図 5.9 のように，トランジスタのエミッタに抵抗 R_E を入れ，その両端から出力を取り出すようにした回路をエミッタホロワという。この回路は，出力 V_o すべてが負帰還される回路で，電圧増幅度は 1 であるが，入力インピーダンスが高く，出力インピーダンスが小さいので，インピーダンス変換回路として用いられ，映像回路でも用途は広い。

〔1〕 増　幅　度　　まず，増幅度を計算しよう。図 5.10 より

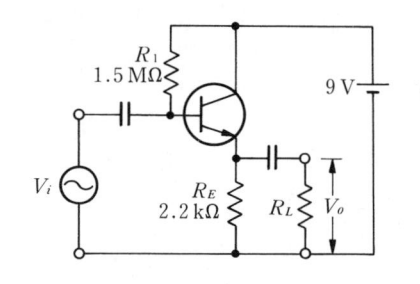

図 5.9　エミッタホロワ

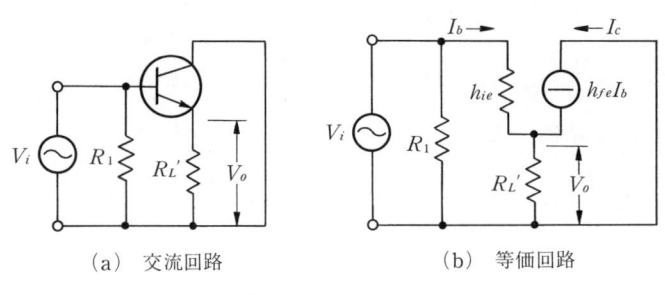

(a) 交流回路　　(b) 等価回路

図 5.10　交流回路と等価回路

$$V_i = h_{ie}I_b + (I_b + I_c)R_L' = h_{ie}I_b + (1 + h_{fe})R_L'I_b \tag{5.30}$$

$$V_o = R_L'(I_b + I_c) = (1 + h_{fe})R_L'I_b \tag{5.31}$$

したがって，増幅度 A は

$$A = \frac{V_o}{V_i} = \frac{(1 + h_{fe})R_L'I_b}{h_{ie}I_b + (1 + h_{fe})R_L'I_b} = \frac{(1 + h_{fe})R_L'}{h_{ie} + (1 + h_{fe})R_L'} \tag{5.32}$$

一般には $h_{ie} \ll (1 + h_{fe})R_L'$ であるから上式は

$$A \fallingdotseq 1 \tag{5.33}$$

となり，電圧増幅度はほぼ1である。

〔2〕**入出力インピーダンス**　　トランジスタのベースから見た入力インピーダンスは Z_i は

$$Z_i = \frac{V_i}{I_b} = h_{ie} + (1 + h_{fe})R_L' \tag{5.34}$$

回路全体では，R_1 が並列に加わるから

$$Z_{iT} = \frac{Z_iR_1}{Z_i + R_1} \tag{5.35}$$

5.1 負帰還増幅回路

となる。

一方,出力インピーダンス Z_o は,図 5.11(a)に示すように,トランジスタのエミッタ-アース間から左を見た Z_o と,エミッタ抵抗 R_E が入った位置から左を見た Z_o' とがある。

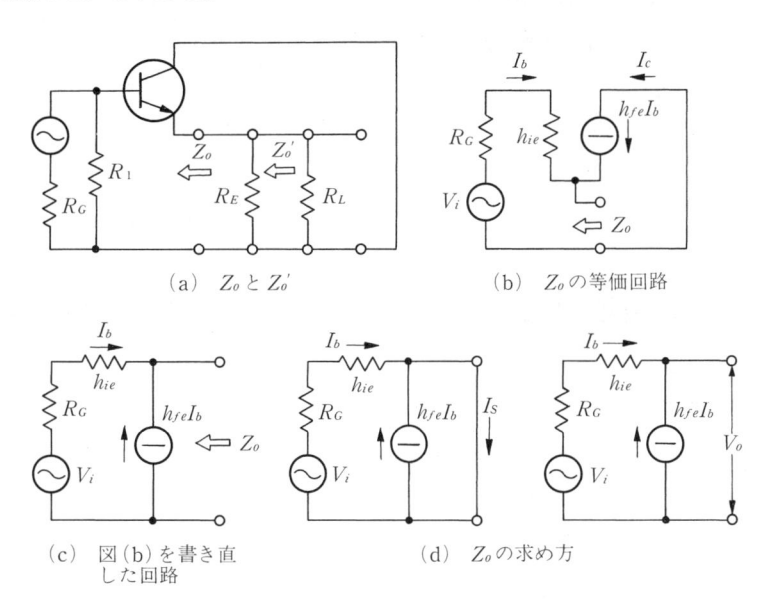

図 5.11 エミッタホロワの出力インピーダンスの説明図

(a) Z_o と Z_o'
(b) Z_o の等価回路
(c) 図(b)を書き直した回路
(d) Z_o の求め方

ここで,Z_o は R_E を短絡したときに流れる電流 I_s と,R_E を開いたときに発生する電圧 V_o によって次式で求められる。

$$Z_o = \frac{V_o}{I_s} \tag{5.36}$$

一方,短絡電流 I_s は図(d)より

$$I_s = I_b + h_{fe}I_b = (1 + h_{fe})I_b \tag{5.37}$$

また

$$I_b = \frac{V_i}{h_{ie} + R_G} \tag{5.38}$$

であるから

74   5. 各種の増幅回路

$$I_S = (1+h_{fe})I_b = \frac{(1+h_{fe})V_i}{h_{ie}+R_G} \tag{5.39}$$

したがって，出力インピーダンス Z_o は

$$Z_o = \frac{V_o}{I_S} = \frac{(h_{ie}+R_G)V_o}{(1+h_{fe})V_i} \tag{5.40}$$

ここでは，$V_o = V_i$ であるから

$$Z_o = \frac{h_{ie}+R_G}{1+h_{fe}} \tag{5.41}$$

が得られる。

なお，エミッタホロワはコレクタ接地増幅回路とも呼ばれる。

5.2 差動増幅回路

5.2.1 トランジスタによる差動増幅回路

トランジスタによる差動増幅回路は，特性の等しい2個のトランジスタのエミッタを共通接続し，それぞれのベースを入力端子として信号を加え，コレクタを出力端子として信号を取り出すようにした増幅回路である。図 5.12(a)に代表的な差動増幅回路を示す。

両トランジスタのエミッタは，共通接続されたうえ，エミッタ抵抗 R_E を介してマイナス電源に接続されている。ベースは，それぞれ抵抗を通してアースに接続され信号の入力端子がほぼ零電位で動作できるようになっている。コレクタは，コレクタ抵抗を介してプラス電源に接続されている。プラス電源とマイナス電源は等しい電圧で，その中間がアースに接続されている。このように2個のトランジスタは，接続される電源電圧，抵抗などすべて等しい値に設定されている。

両トランジスタに波形が等しく，正負の極性が反転した逆相の信号 v_{i1}，v_{i2} が入力されると，それぞれのコレクタ出力には，図(b)のように増幅され，極性が反転した信号が得られる。そこで，信号出力をコレクタ-アース間でなく，それぞれのコレクタ間で出力するようにすると，振幅が2倍の信号を得ること

5.2 差動増幅回路

（a）回路

（b）各部の波形

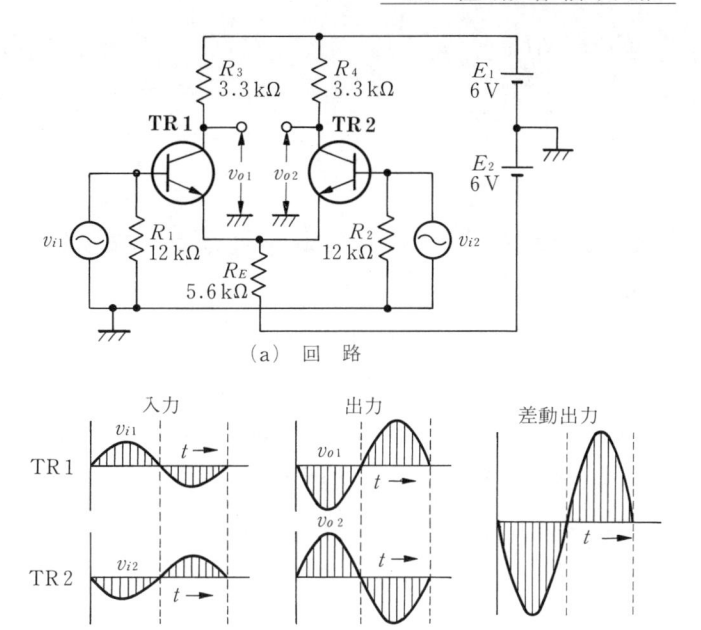

図 5.12 差動増幅回路

ができる．また，同相の信号が入ると，それぞれのコレクタ出力にはその差の信号に比例した信号が得られる．これが差動増幅器の由来である．

つぎにこの差動増幅器の動作を考えていこう．

〔1〕 **バイアス動作**　トランジスタ TR 1 のバイアスを取り出してみると，図 5.13 のようになる．ここで，ベース回路に注目すると

$$E_2 = R_1 I_{B1} + V_{BE} + R_E I_E \tag{5.42}$$

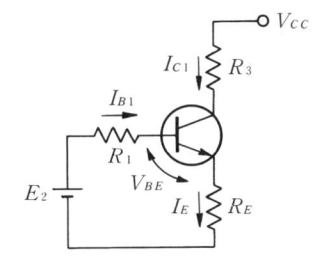

図 5.13 バイアス回路

76   5. 各種の増幅回路

$$I_E = \frac{E_2 - (R_1 I_{B1} + V_{BE})}{R_E} \tag{5.43}$$

ここで，$E_2 \gg R_1 I_{B1} + V_{BE}$ とすれば

$$I_E \fallingdotseq \frac{E_2}{R_E} \tag{5.44}$$

となり，I_E は定電流となる。一方，I_E にはすべての電流が集まるから

$$I_E = I_{B1} + I_{C1} + I_{B2} + I_{C2} \tag{5.45}$$

したがって，これ以上のコレクタ電流は流れず，リミット作用がある。

〔2〕 **増 幅 度**　差動増幅器の交流回路は**図5.14**のようになる。ここで，エミッタ抵抗 R_E に流れる電流 I_E は定電流であるから，交流的には開放と考えられるので無視できる。また，差動増幅器は二つの入力電圧の差（$V_{i1} - V_{i2}$）を増幅する。したがって，TR 1, TR 2のベースには，それぞれ $\pm (V_{i1} - V_{i2})/2$ の信号が加わったと考えることができる。

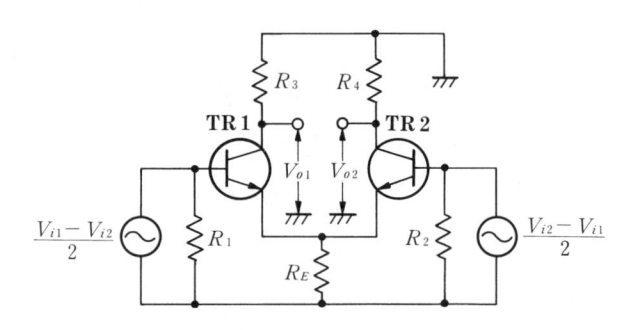

図5.14 交流回路

コレクタ出力 V_{o1} は

$$V_{o1} = R_3 I_{c1} = R_3 h_{fe} I_{b1} \tag{5.46}$$

一方，入力信号（$V_{i1} - V_{i2}$）は

$$V_{i1} - V_{i2} = h_{ie1} I_{b1} - h_{ie2} I_{b2} \tag{5.47}$$

となる。回路が対称で，$I_{b1} = -I_{b2}$, $h_{ie1} = h_{ie2} (= h_{ie})$ であるから，増幅度 A_V は

$$A_V = \frac{V_{o1}}{V_{i1} - V_{i2}} = \frac{R_3 h_{fe}}{h_{ie1} + h_{ie2}} = \frac{R_3 h_{fe}}{2 h_{ie}} \tag{5.48}$$

となる。

5.2.2 差動増幅器の特徴

差動増幅器は，いままで述べてきたように，左右で対称なトランジスタで構成されるので，数々の特徴を有する増幅器である。

① **雑音に強い**　通常の増幅器では，雑音信号 V_n が入力信号に重畳して混入すると，信号とともに増幅されて出力に現れてしまう。ところが，差動増幅器では，図5.15に示すように，両方のトランジスタに同じように雑音が混入しても，雑音成分は同相で入力されるので，出力では相殺されて，信号成分だけが増幅されることになる。

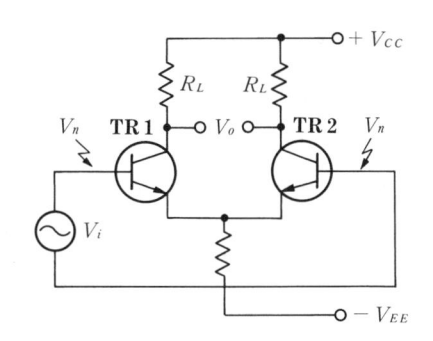

図5.15　差動増幅器の雑音の影響

② **広帯域増幅器になる**　差動増幅器では，プラス，マイナスの電源を使用し，入出力が直流的には0電圧近くで動作できる。したがって，カップリングコンデンサを必要とせず，直流から広帯域まで増幅が可能になる。

しかし，厳密にいうとコレクタ側が出力になるため，ベースに入力された信号に比べて若干，高電圧側にシフトする。これを避けるために，何段も増幅させる場合は，図5.16のような直流動作電圧をシフトさせるレベルシフト回路が用いられる。図(a)はエミッタホロワを介して接続する場合，図(b)はpnpトランジスタを介して接続する場合を示したものである。

③ **負帰還がかけやすい**　二つの入力のうち，どちらかを帰還入力にし，入力信号 V_i と同相の V_f を加えれば負帰還回路が容易に構成できる。

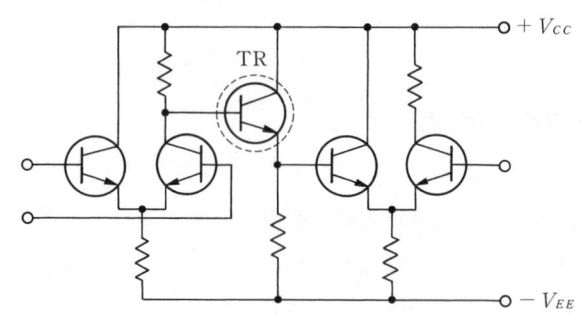

(a) エミッタホロワ(TR)を介して接続

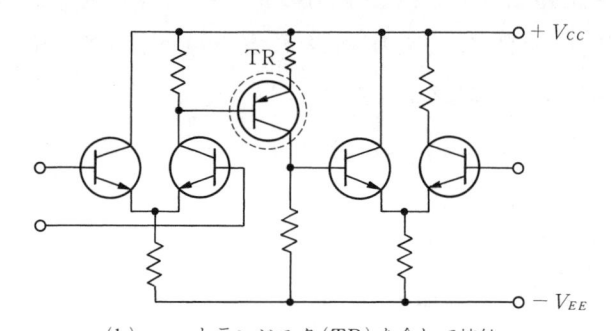

(b) pnpトランジスタ(TR)を介して接続

図 5.16　レベルシフト回路

④　**入力インピーダンスが大きい**　入力インピーダンスが大きく，つぎに述べる演算増幅器の基本となる回路である。

5.3　演算増幅器

演算増幅器（operational amplifier）は，アナログICの代表的なもので，図 5.17 に示すように，前節で述べた差動増幅器を組み合わせた回路構成となっている。通常，オペ（OP）アンプなどと呼ばれ，広く用いられている。

演算増幅器の特徴は
①　増幅度が大きい。
②　入力インピーダンスが高く，出力インピーダンスが低い。

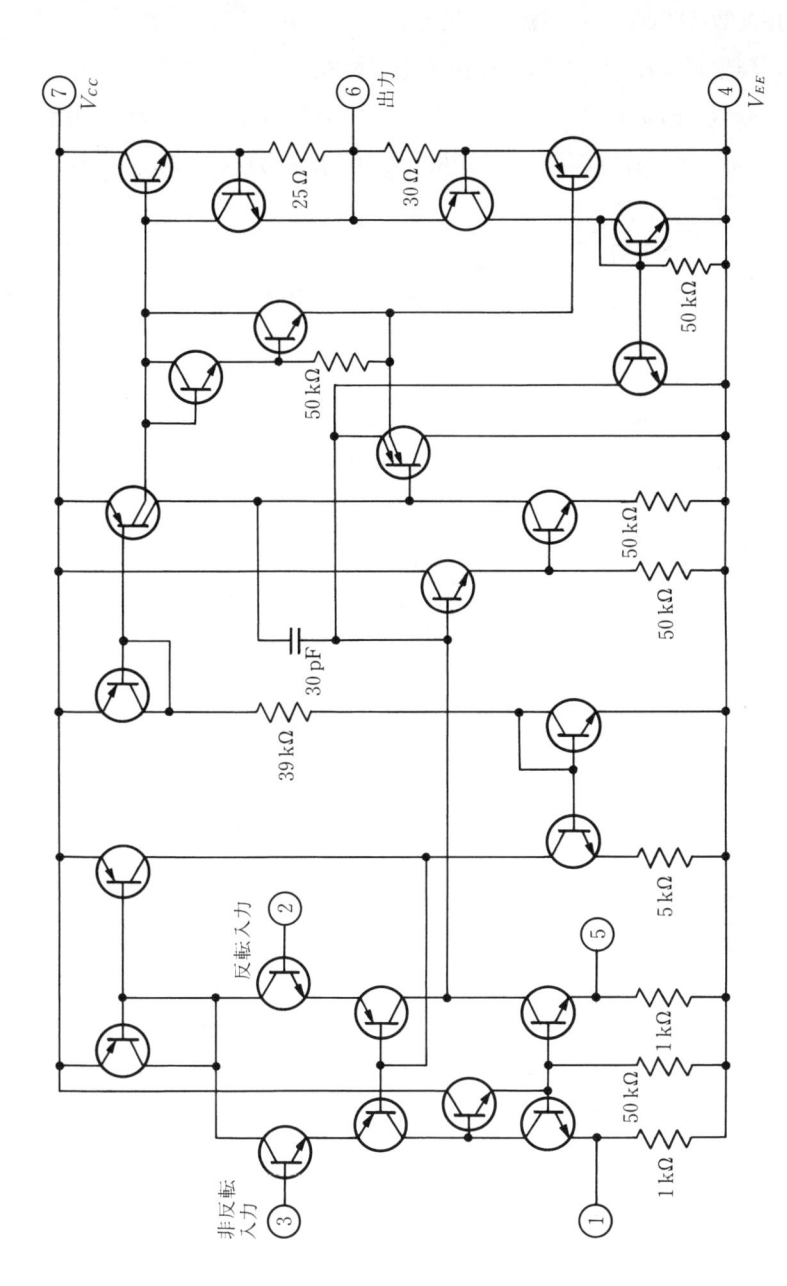

図 5.17 演算増幅器の一例

80   5. 各種の増幅回路

③ 周波数帯域が広く，直流から扱える。

などで，理想的な増幅器に近い特性を有している。

演算増幅器は図 5.18 のように示され，出力信号が同相で得られる同相入力（非反転入力）と，逆相で得られる逆相入力（反転入力）がある。

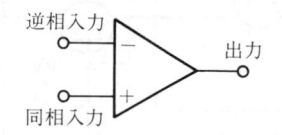

図 5.18　演算増幅器の図記号

5.3.1　同相増幅回路

図 5.19 は，演算増幅器の同相増幅回路の一例である。

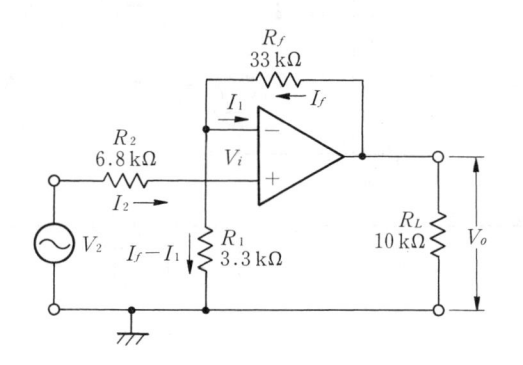

図 5.19　同相増幅回路

出力の一部を抵抗 R_f を通して逆相入力に戻し，負帰還回路を形成している。

$$V_2 + V_i = R_2 I_2 + R_1 (I_f - I_1) \tag{5.49}$$

$$V_o = R_f I_f + R_1 (I_f - I_1) \tag{5.50}$$

ここで，演算増幅器の入力インピーダンスは非常に高く，入力電流はほとんど流れないとすれば

$$V_2 \fallingdotseq R_1 I_f \tag{5.51}$$

$$V_o \fallingdotseq (R_f + R_1) I_f \tag{5.52}$$

となる。したがって増幅度 A は

$$A = \frac{V_o}{V_2} \fallingdotseq \frac{(R_f + R_1)I_f}{R_1 I_f} = \frac{R_f + R_1}{R_1} = 1 + \frac{R_f}{R_1} \tag{5.53}$$

数値を代入すると

$$A = 1 + \frac{33}{3.3} = 11 \tag{5.54}$$

となる。

5.3.2 逆相増幅回路

図 5.20 は，演算増幅器の逆相増幅回路の一例である。

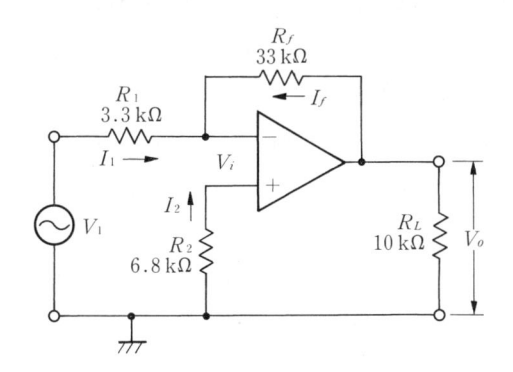

図 5.20 逆相増幅回路

出力の一部を抵抗 R_f を通して逆相入力に戻し，負帰還回路を形成している。

$$V_o = R_f I_f + V_1 - R_1 I_1 \tag{5.55}$$

$$V_o = R_f I_f + V_i - R_2 I_2 \tag{5.56}$$

ここで，演算増幅器の電圧増幅度 A は非常に大きいので，$V_o \gg V_i$ となり，入力電流は 0 に近いので $I_2 \fallingdotseq 0$ となる。したがって

$$V_o \fallingdotseq R_f I_f \tag{5.57}$$

$$V_1 \fallingdotseq R_1 I_1 \tag{5.58}$$

そこで，電圧増幅度 A は

$$A = \frac{V_o}{V_1} \fallingdotseq \frac{R_f I_f}{R_1 I_1} \tag{5.59}$$

ここで，入力電流は 0 に近いので，$I_f \fallingdotseq I_1$ であるから

$$A = \frac{R_f}{R_1} \tag{5.60}$$

ここで数値を代入すると

$$A = \frac{33}{3.3} = 10 \tag{5.61}$$

となる。

5.4 電力増幅回路

5.4.1 A級，B級，C級動作

いままではひずみの少ない小信号動作での増幅器を学んできた。しかし，電力増幅器は大きな信号を扱うので，考え方を変えて効率のよい増幅方法が必要になる。

図 5.21 は，トランジスタの V_{BE} - I_B 特性と動作点の関係を示したもので，入力信号は動作点を中心に加えられるので，図（a）では無ひずみであるが，図（b）では正負の信号のうち片方だけが，図（c）では片方の信号でピーク近くだけが増幅される。この様子は図 5.22 の V_{CE} - I_C 特性では I_C の波形に反映され，V_{CE} も同様に変化する。

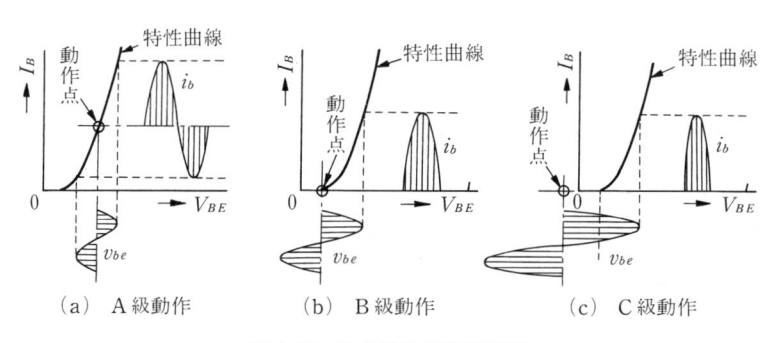

(a) A級動作 　　(b) B級動作 　　(c) C級動作

図 5.21　入力特性の動作波形

5.4 電力増幅回路

(a) A級動作　$\theta_A = 360°$

(b) B級動作　$\theta_B = 180°$

(c) C級動作　$\theta_C < 180°$

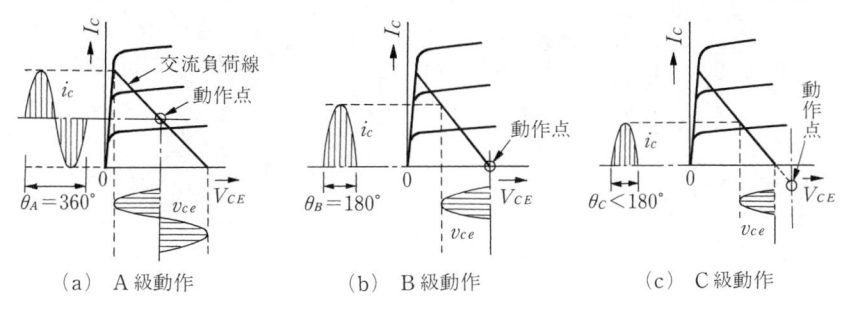

図5.22　出力特性の動作波形

ここで，図(a)のような動作点が交流負荷直線の中央にあり，入力波形が無ひずみで得られる場合をA級動作という．A級動作では電流が流れる流通角 θ は360°で，信号の有無に無関係に電流が流れる．

一方，図(b)のように，動作点をカットオフ点に選び，入力信号の半周期だけが増幅される場合をB級動作という．B級動作では電流が流れる流通角 θ は180°で，信号のないときには電流が流れず，効率の良い増幅が可能である．

また，図(c)のように，動作点をカットオフ点よりさらに深い位置に選び，入力信号の半周期の一部だけが増幅される場合をC級動作という．C級動作では電流が流れる流通角 θ は180°未満である．波形伝送としてはひずみが大きく実用的ではないが，同調回路を使った高周波回路などで効率のよい増幅ができる．

5.4.2　A級電力増幅回路

図5.23は，トランス（変成器）を用いてスピーカに電力を供給するA級電力増幅回路である．小信号の増幅器ではトランスを利用して負荷との整合をとり，大きな増幅度を得ることが目的であったが，電力増幅器では所望の無ひずみ最大出力を得ることが目的である．

このため

① 動作点は交流負荷線の2等分の位置に設定する．
② 最大定格値内で可能なかぎり大きなバイアス電流に設定する．

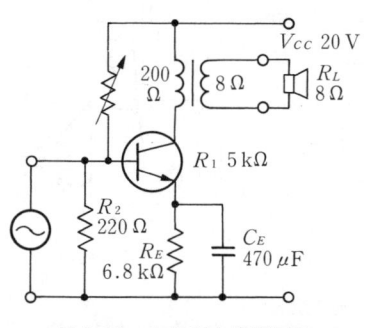

図5.23 A級電力増幅回路

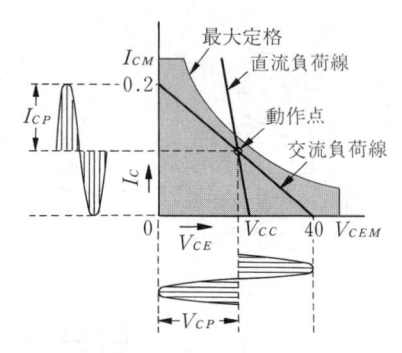

図5.24 動作点と交流負荷線

図5.24は，電力 P_{CM}，電圧 V_{CEM}，電流 I_{CM} の最大定格内での交流負荷線と動作点の関係を示したもので，交流負荷線の中央に動作点が設定されている。最適動作点の値を V_0, I_0，出力波形の最大値を V_{CP}, I_{CP} とすれば，最大出力 P_C は

$$P_C = \frac{V_{CP}}{\sqrt{2}} \cdot \frac{I_{CP}}{\sqrt{2}} = \frac{V_{CP}I_{CP}}{2} \tag{5.62}$$

となる。

電源から供給される消費電力 P_{CC} は，電源電圧 V_{CC} とコレクタ電流の平均値 I_0 との積であるから

$$P_{CC} = V_{CC}I_0 \tag{5.63}$$

ここで，$V_{CC} \fallingdotseq V_0 \fallingdotseq V_{CP}$, $I_{CP} \fallingdotseq I_0$ とすれば

$$P_C \fallingdotseq \frac{V_{CC}I_0}{2} \tag{5.64}$$

このときの最大効率 η_M は

$$\eta_M = \frac{P_C}{P_{CC}} = \frac{\frac{V_{CC}I_0}{2}}{V_{CC}I_0} = \frac{1}{2} \tag{5.65}$$

となり，50％である。

一方，交流負荷線の傾きが負荷インピーダンス R_L' であるから

$$R_L' = \frac{40}{0.2} = 200 \ \Omega \tag{5.66}$$

となる。

図 5.23 の回路では $R_L = 8\,\Omega$ が接続されているが，トランスによって R_L を最適負荷の $R_L' = 200\,\Omega$ に変換している。

ここで，トランスについて考えてみよう。

トランスは鉄心に一次側と二次側にそれぞれ巻き線を施したもので，インピーダンス変換が行える。図 5.25 に示すように，一次側に V_1 の電圧を加え，二次側に負荷抵抗 R_L を接続する。トランスの動作として電圧，電流の関係は次式で表される。

$$\frac{V_1}{V_2} = \frac{N_1}{N_2} \tag{5.67}$$

$$\frac{I_1}{I_2} = \frac{N_2}{N_1} \tag{5.68}$$

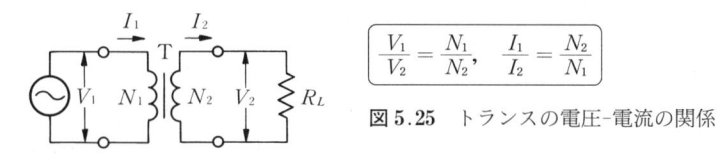

図 5.25 トランスの電圧-電流の関係

ただし，ここでは理想的なトランスと考え，損失がなく $I_2 = V_2/R_L$ で，二次側の消費電力 $V_2 I_2$ が一次側から送った電力 $V_1 I_1$ に等しい，すなわち

$$V_2 I_2 = V_1 I_1 \tag{5.69}$$

が成立するとしている。

上式より

$$\frac{V_1}{I_1} = \left(\frac{N_1}{N_2}\right)^2 \frac{V_2}{I_2} = \left(\frac{N_1}{N_2}\right)^2 R_L \tag{5.70}$$

ここで，巻数比 N_1/N_2 を a とすれば

$$\frac{V_1}{I_1} = a^2 R_L \tag{5.71}$$

となる。V_1/I_1 は一次側からみた抵抗であるから，トランスの一次側から見た抵抗は二次側に接続された負荷抵抗と巻数比の 2 乗に比例する。すなわち，トランスの二次側に接続されたインピーダンスは，一次側から見れば巻数比の 2

乗に変換されたことになる。これをトランスのインピーダンス変換という。

実際には巻き線の抵抗，漏れ磁束などがあり，若干の損失が生じるが，ここでは理想的な場合を示した。

このように，トランス結合の場合は，負荷として結合されたトランスの一次側に供給された交流電力が二次側で有効に利用される。これに対して，CR 結合の場合には，図 5.26 に示すように，コレクタに接続された抵抗 R が本来の負荷 R_L と並列に入ってしまう。この抵抗 R で電力が消費され，この分だけ負荷 R_L での消費電力が減少することになる。

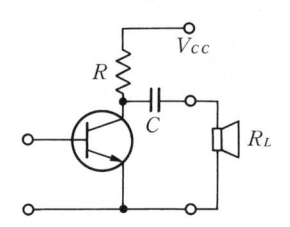

図 5.26　RC 結合の出力回路

また，図 5.24 に示したように，トランス結合では直流負荷線が垂直に近く，傾斜が急になっていて電源電圧 V_{CC} より大きな V_{CE} まで信号振幅を振り込むことができ，大きな出力が得られるという特徴がある。

A 級電力増幅回路の特徴をまとめると
① 　最大効率 η が 50％である。
② 　最大出力の 2 倍のコレクタ損のトランジスタを用いる必要がある。

このため，比較的小さい電力増幅器に用いられ，大電力ではつぎに説明する B 級プッシュプル電力増幅回路が用いられる。

5.4.3　B 級プッシュプル電力増幅回路

図 5.27 は B 級プッシュプル増幅回路である。トランジスタは特性の近い npn 形と pnp 形が従属に接続されており，コンプリメンタリペア（相補対）とも呼ばれる。基本的に $I_C = 0$ で，信号入力が加わったときに電流が流れるようにバイアスが設定されている。npn トランジスタ TR1 はベース-エミッ

5.4 電力増幅回路

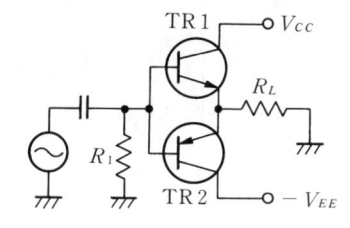

図5.27 B級プッシュプル回路

タ間にプラス電圧が加わるONになり，マイナス電圧が加わるとOFFになる。また，pnpトランジスタTR2はこの逆で，ベース-エミッタ間にマイナス電圧が加わるとONになり，プラス電圧が加わるとOFFになる。このことを頭に入れて，つぎに図5.28を参照しながらこの動作をみてみよう。

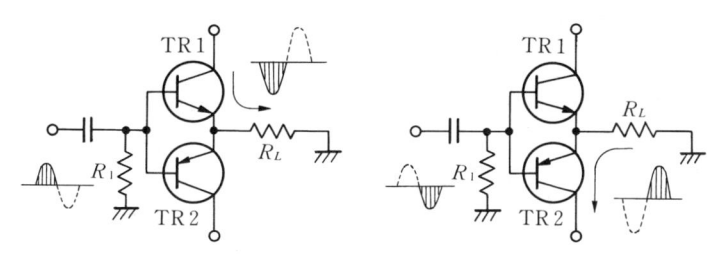

（a） TR1に信号電流が流れる　　（b） TR2に信号電流が流れる

図5.28　プッシュプル回路の動作

信号が加わらないときは両トランジスタともベース-エミッタ間は0電位で，カットオフになっていて負荷抵抗 R_L にも電流は流れない。

つぎに，図(a)のようにプラス方向に信号が加わると，pnpトランジスタTR2はカットオフのままであるが，npnトランジスタTR1がONとなり，信号電圧に応じたエミッタ電流が負荷抵抗 R_L を通ってアースに流れる。

一方，図(b)のようにマイナス方向に信号が加わると，npnトランジスタTR1はカットオフになるが，pnpトランジスタTR2がONとなり，信号電圧に応じたエミッタ電流が負荷抵抗 R_L に逆向きに流れる。

このように，両トランジスタは，信号入力の半周期ずつ交互に動作して，負荷抵抗に電流を供給している。ここで，無ひずみ最大出力 P_M は，図5.29のように V_{CE} - I_C 特性上で交流負荷線の全領域が使えるときであるから

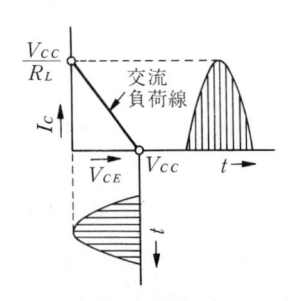

図 5.29　無ひずみ最大出力 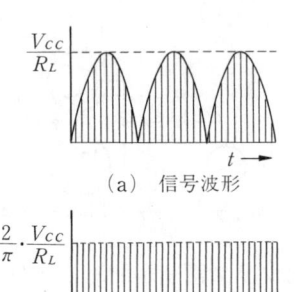　　図 5.30　電源から供給される電力

(a) 信号波形

(b) 信号波形と同じ面積

$$P_M = \frac{V_{CC}}{R_L} \cdot \frac{V_{CC}}{\sqrt{2}} \cdot \frac{1}{\sqrt{2}} = \frac{V_{CC}^2}{2R_L} \tag{5.72}$$

一方，最大出力時の電源から供給される直流出力電流は，図 5.30(a)のように正弦波形となる。この面積を計算するためには，半周期を積分すればよいから，振幅値は図(b)のように$(2/\pi)V_{CC}/R_L$となる。したがって，直流出力P_{DC}は

$$P_{DC} = V_{CC} \frac{2}{\pi} \cdot \frac{V_{CC}}{R_L} = \frac{2}{\pi} \cdot \frac{V_{CC}^2}{R_L} \tag{5.73}$$

以上の結果より，理想最大出力時の電源効率ηは

$$\eta = \frac{P_M}{P_{DC}} = \frac{\dfrac{V_{CC}^2}{2R_L}}{\dfrac{2}{\pi} \cdot \dfrac{V_{CC}^2}{R_L}} = \frac{\pi}{4} = 0.785 \tag{5.74}$$

したがって，B級プッシュプル増幅回路の電源効率は78.5％となる。A級増幅回路に比べて5割ほど効率がよくなる。

上記の説明では，トランジスタが理想的な場合で説明してきたが，実際には$V_{BE} - I_B$特性はダイオード特性で，V_{BE}が0付近では高抵抗を示し，ほとんど電流が流れない。そこでプッシュプルで動作する際に，トランジスタが切り替わる付近で図 5.31のように不連続部分が発生し，波形ひずみになる。これをクロスオーバひずみという。これを防ぐにはベース側に抵抗やダイオードを入

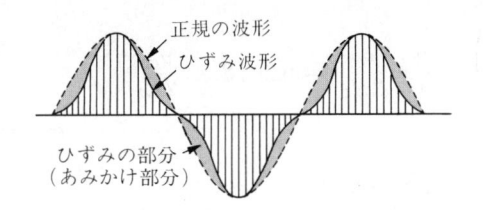

figure 5.31 クロスオーバひずみ

れて，無信号時にも電流を少し流すようにしている。

B級プッシュプル増幅回路では，最大コレクタ電流 I_{CM} は V_{CC}/R_L である。また，図5.29に示すように，最大コレクタ-エミッタ間電圧 V_{CEM} は V_{CC} である。ここで使用するトランジスタのコレクタ損 P_C は直流電力と出力電力との差であり，両トランジスタで半分ずつ受け持つので

$$P_C = \frac{P_{DC} - P_M}{2} \tag{5.75}$$

つぎに，任意のコレクタ電流の振幅を mI_{CM}，コレクタ-エミッタ間電圧を mV_{CEM} とすれば

$$P_M = \frac{mV_{CEM}}{\sqrt{2}} \cdot \frac{mI_{CM}}{\sqrt{2}} = \frac{m^2 V_{CC}^2}{2R_L} \tag{5.76}$$

$$P_{DC} = V_{CC} mI_{CM} \frac{2}{\pi} = \frac{2mV_{CC}^2}{\pi R_L} \tag{5.77}$$

これより

$$P_C = \frac{1}{2}\left(\frac{2mV_{CC}^2}{\pi R_L} - \frac{m^2 V_{CC}^2}{2R_L}\right) = \frac{V_{CC}^2}{2R_L}\left(\frac{4m - \pi m^2}{2\pi}\right) \tag{5.78}$$

ここで，P_C が最大になるのは $4m - \pi m^2$ が最大になるときであり，m で微分すると

$$2\pi m - 4 = 0 \tag{5.79}$$

のときで

$$m = \frac{4}{2\pi} = \frac{2}{\pi} \tag{5.80}$$

このときの P_C は

$$P_c = \frac{V_{cc}^2}{2R_L}\left(\frac{\pi\frac{2^2}{\pi^2} - 4\frac{2}{\pi}}{2\pi}\right) = \frac{2}{\pi^2}\cdot\frac{V_{cc}^2}{2R_L} = 0.2028 \times \frac{V_{cc}^2}{2R_L}$$

(5.81)

トランジスタのコレクタ損は 0.202 8 倍となる。

練 習 問 題

(**1**) (a) 負帰還増幅回路の原理を，入力信号を V_i，帰還信号を V_f として，ブロック図を書いて説明せよ。
　　(b) 負帰還増幅回路の特徴を二つ挙げよ。
(**2**) トランジスタのエミッタに抵抗を入れると，どうして負帰還増幅回路となるか，回路を書いて説明せよ。
(**3**) 図 5.32 の回路の増幅度，入力インピーダンスを計算せよ。ただし，トランジスタの $h_{fe} = 120$，$h_{ie} = 10\,\text{k}\Omega$ とする。

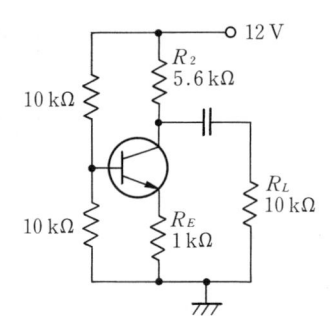

図 5.32　エミッタ抵抗の入った増幅回路

(**4**) (a) エミッタホロワとはどのような回路か。一例を示せ。また，どういう特徴があるか。
　　(b) トランジスタの h パラメータを h_{fe}，h_{ie} とし，信号源の内部インピーダンスを R_g としたとき，エミッタホロワの入力インピーダンスと出力インピーダンスを求めよ。
　　(c) $h_{fe} = 120$，$h_{ie} = 5\,\text{k}\Omega$，$R_g = 2\,\text{k}\Omega$，$R_E = 1\,\text{k}\Omega$ のとき，入力インピーダンス，出力インピーダンスを求めよ。
　　(d) 電圧増幅度がほぼ 1 であることを証明せよ。
　　(e) 電流増幅度はどうなるか。

(5) トランジスタによる差動増幅の動作を，回路図を書いて説明せよ．
(6) 差動増幅回路で入力に混入した雑音は，出力にはどのように現れるか．回路図を書いて説明せよ．
(7) 図 5.33 に示すような差動増幅器のバイアス電流と増幅度を求めよ．ただし，$h_{fe} = 120$, $h_{ie} = 5\,\text{k}\Omega$, $V_{BE} = 0.6\,\text{V}$ とする．また，図において $V_{CC} = 12\,\text{V}$, $R_1 = 12\,\text{k}\Omega$, $R_2 = 5.6\,\text{k}\Omega$, $R_3 = 4.7\,\text{k}\Omega$ とする．

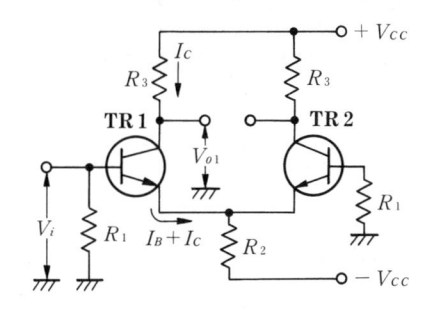

図 5.33　差動増幅器の動作

(8) 図 5.34 は同相入力の演算増幅器である．つぎの問に答えよ．
  (a) この回路の帰還率 β と増幅度 A を求めよ．
  (b) $R_1 = 3.3\,\text{k}\Omega$, $R_2 = 33\,\text{k}\Omega$ のとき，増幅度は何倍になるか．

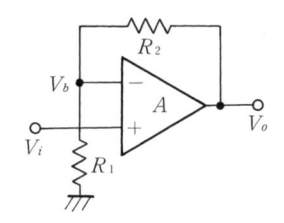

図 5.34　演算増幅器の同相増幅回路

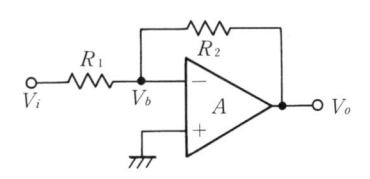

図 5.35　演算増幅器の逆相増幅回路

(9) 図 5.35 は逆相入力の演算増幅器である．つぎの問に答えよ．
  (a) この回路の帰還率 β と増幅度 A を求めよ．
  (b) $R_1 = 4.7\,\text{k}\Omega$, $R_2 = 56\,\text{k}\Omega$ のとき，増幅度は何倍になるか．
(10) A 級シングル電力増幅回路の特徴を二つ述べよ．
(11) B 級プッシュプル電力増幅回路の特徴を二つ述べよ．

6. 各種の電子回路

6.1 発振回路

電気信号を電波で遠くに送るためにはそのままの信号ではむずかしく，高周波の正弦波（搬送波）を信号で変調して，その変調された信号波をアンテナから送り出すことが行われる。高周波の正弦波を発生させる回路を発振回路という。

6.1.1 発振の原理

発振回路は正帰還の増幅回路で構成される。帰還回路は 5.1 節で述べたが，発振の条件は図 6.1 に示すように利得条件と位相条件を満足する必要がある。増幅度を A，帰還率を β とすると，利得条件は

$$A\beta > 1 \tag{6.1}$$

である。

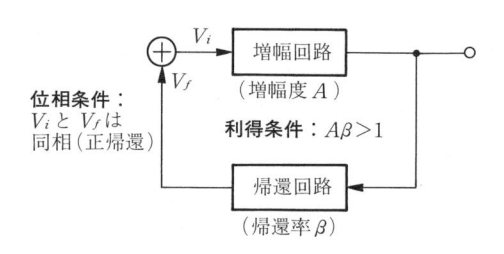

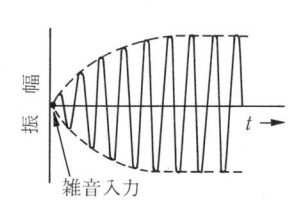

図 6.1　発振回路の原理　　　図 6.2　発振の成長と飽和

6.1 発振回路　93

一方，位相条件は，増幅回路の入力信号 V_i と帰還回路の出力 V_f が同相，すなわち正帰還であることである。

図 6.2 に示すように電源投入時の熱雑音など，なんらかの雑音が入力信号 V_i として増幅回路に入力されたとき，発振条件を満足する周波数の信号が急速に成長して，一定の振幅となって出力される。

最初に増幅回路に入力された雑音は，一般に多くの周波数成分を有しているが，このうち発振条件に合った周波数成分が急速に成長する。入力信号が大きくなると出力信号が飽和し，増幅度が下がる。そこで，$A\beta = 1$ の状態で出力が安定し，一定振幅の発振が継続される。

6.1.2 発振回路の種類

発振回路を帰還回路の構成によって分類すると図 6.3 のようになる。コイルとコンデンサの共振周波数で発振させる回路を LC 発振回路という。同様にコンデンサと抵抗で位相を変化させる回路を CR 発振回路という。また，水晶振動子を使ったものは発振周波数を精度よく選べるもので，水晶発振回路という。

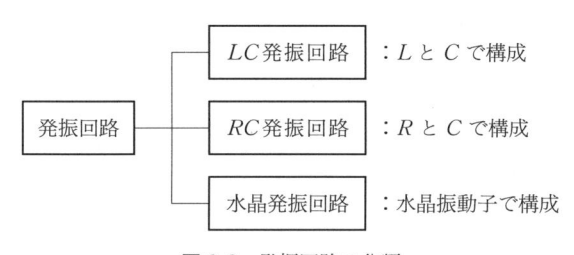

```
                ┌─ LC 発振回路  ：L と C で構成
                │
    発振回路 ───┼─ RC 発振回路  ：R と C で構成
                │
                └─ 水晶発振回路 ：水晶振動子で構成
```

図 6.3　発振回路の分類

6.1.3 LC 発振回路

LC 発振回路の一例としてコレクタ同調発振回路を図 6.4 に示す。

コレクタに接続されたトランスの一次側インダクタンス L_1 に生じた出力電圧の一部が二次側 L_2 に出力され，これが電圧帰還になる。ここで，利得条件

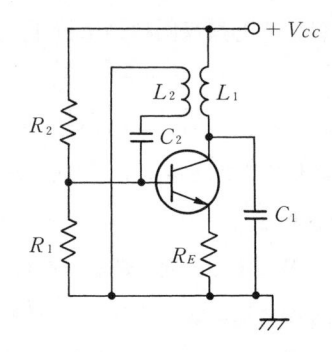

図 6.4 コレクタ同調発振回路

は β が主としてトランスの巻数比で決まるため，増幅度 A を大きくして $A\beta > 1$ の条件を満たすことが必要である。

一方，位相条件は L_1 と C_1 の共振周波数の信号に対して成立する。すなわち，共振周波数 f が，$j\omega L_1 = 1/(j\omega C_1)$ であるから，$f = 1/(2\pi\sqrt{L_1 C_1})$ で正帰還が成立する。他の周波数では，L と C では 90° 位相が異なるから，その中間の角度となり，正帰還にならない。

FET の場合も同様にドレーン同調発振回路が構成できる。

LC 発振回路は，図 6.5 に示すように，ベース同調，エミッタ同調形の発振回路も構成できる。

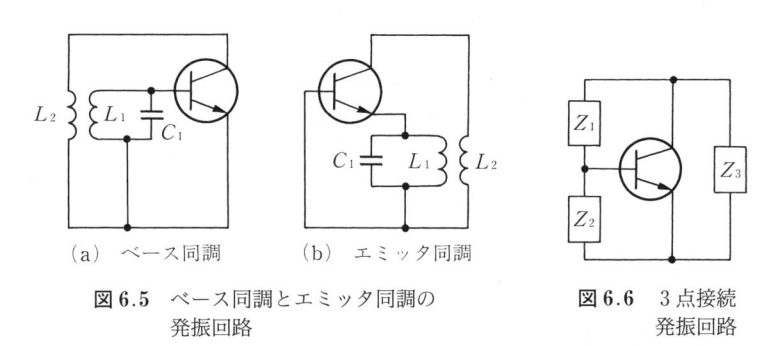

(a) ベース同調　　(b) エミッタ同調

図 6.5　ベース同調とエミッタ同調の発振回路

図 6.6　3 点接続発振回路

LC 発振回路には，図 6.6 に示すように，トランジスタのベース，エミッタ，コレクタの各端子間にそれぞれ L，C などのインピーダンス Z_1，Z_2，Z_3 を接続した 3 点接続発振回路があり，この代表的なものがコルピッツ発振回路とハートレー発振回路である。

6.1 発振回路

〔1〕 コルピッツ発振回路　図 6.7 はコルピッツ発振回路の一例である。これは図 6.6 で $Z_1 = L$, $Z_2 = C_2$, $Z_3 = C_1$ とおいたものである。共振回路の電圧を二つのコンデンサ C_1, C_2 で分割して帰還電圧にして戻す。

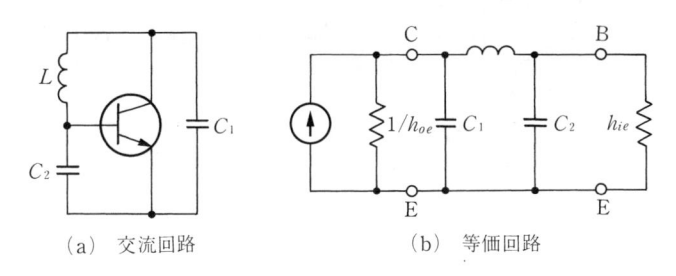

(a) 交流回路　　　　　(b) 等価回路

図 6.7　コルピッツ発振回路

コルピッツ発振回路の発振周波数は L, C_1, C_2 の共振周波数であるから

$$C_0 = \frac{C_1 C_2}{C_1 + C_2} \tag{6.2}$$

とすれば

$$f = \frac{1}{2\pi\sqrt{LC_0}} = \frac{1}{2\pi\sqrt{\frac{LC_1 C_2}{C_1 + C_2}}} \tag{6.3}$$

となる。一方、利得条件は $A > 1/\beta$ であり、帰還率は C_2/C_0 であるから

$$A > \frac{1}{\beta} = \frac{C_0}{C_2} = \frac{C_1}{C_1 + C_2} \tag{6.4}$$

となり

$$A > \frac{C_1}{C_2} \tag{6.5}$$

となる。

〔2〕 ハートレー発振回路　図 6.8 はハートレー発振回路である。これは図 6.6 で $Z_1 = C$, $Z_2 = L_2$, $Z_3 = L_1$ とおいたものである。共振回路の電圧を二つのコイル L_1, L_2 で分割して帰還電圧にして戻す。

ハートレー発振回路の発振周波数は C, L_1, L_2 の共振周波数であるから

$$L_0 = L_1 + L_2 + 2M \quad (M：L_1, L_2 \text{間の相互インダクタンス})$$

(a) 交流回路　　　(b) 等価回路

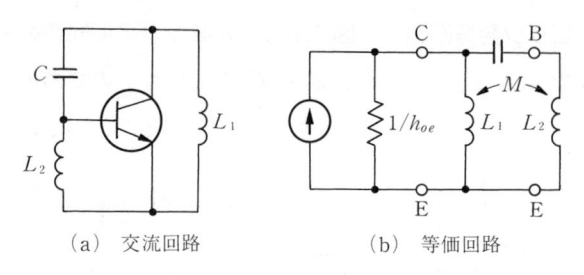

図 6.8　ハートレー発振回路

とすれば

$$f = \frac{1}{2\pi\sqrt{L_0 C}} = \frac{1}{2\pi\sqrt{(L_1 + L_2 + 2M)C}} \quad (6.6)$$

である。

6.1.4　水晶発振回路

いままで述べてきたような LC 発振回路では，精度のよい発振周波数を得ることは困難である。発振の周波数を決定する L，C などの定数が温度によって変わるためである。そこで，最近のビデオカメラなどの映像機器には，水晶振動子を用いた水晶発振回路が使われる。

水晶の単結晶から特定の角度で切り出された水晶振動子の両面に，機械的な圧力を加えると電荷が誘起され，正負の帯電が起こる。逆に引っ張ると極性が逆の電荷が誘起される。これを圧電効果という。

水晶振動子は，人工水晶の結晶を特定の角度に薄く切り出し，厚さや外形を研磨して作られ，パケージに挿入される。この水晶振動子を高周波電界中に置くと振動する。この周波数を水晶振動子の固有振動数に一致させると，水晶振動子は安定な発振を持続する。

水晶振動子が高周波電界中で振動しているときの電気的な等価回路を**図 6.9**に示す。直列共振の周波数を f_S（$= \omega_S/2\pi$）とすると

$$\omega_S L_1 - \frac{1}{\omega_S C_1} = 0 \quad (6.7)$$

6.1 発振回路

したがって

$$f_s = \frac{1}{2\pi\sqrt{L_1 C_1}} \tag{6.8}$$

となる。

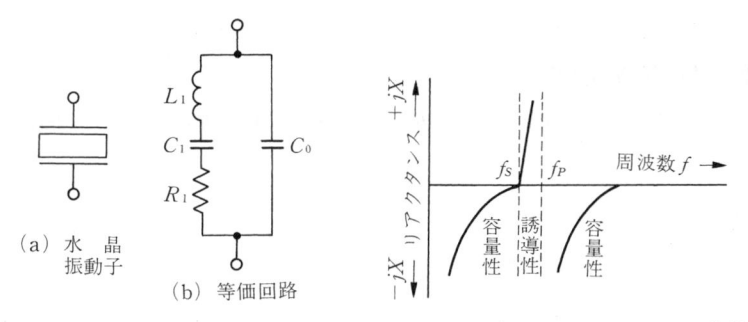

図 6.9 水晶振動子と等価回路

図 6.10 水晶振動子のリアクタンス特性

水晶振動子のリアクタンスは周波数によって**図 6.10** のように変化する。直列共振周波数 f_s と並列共振周波数 f_P の範囲の周波数では，誘導性リアクタンスを示し，この範囲外では容量性リアクタンスとなる。しかも，誘導性リアクタンスを示す範囲はきわめて狭く，精度を高くすることができる。そこで，水晶振動子で発振回路を構成するときにはリアクタンス素子として使用する。

水晶振動子は，ハートレー発振回路やコルピッツ発振回路のインダクタンス L の代わりに置き換えて用いられる。**図 6.11** は水晶発振回路の一例を示したものである。

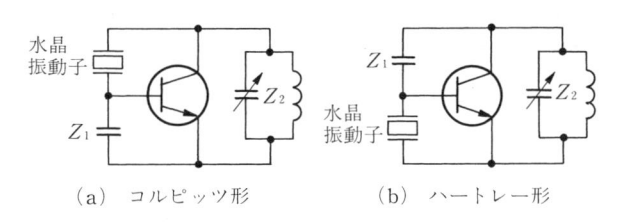

図 6.11 水晶発振回路

図(a)はコルピッツ発振回路に適用した場合で，Z_2 の共振回路はリアクタンスは容量性でなければならず，Z_2 の共振周波数は水晶振動子の固有周波数

より少し低く選ぶ必要がある。

一方，図(b)はハートレー発振回路に適用した場合で，Z_2のリアクタンスは誘導性でなければならず，Z_2の共振周波数は水晶振動子の固有周波数より少し高く選ぶ必要がある。

6.1.5 RC 発振回路

帰還回路が R と C で構成される RC 発振器には移相形とブリッジ形などがある。

図 6.12 に RC を3段接続した移相形発振回路を示す。正帰還を行わせるためには，この3段の RC 移相器で移相反転された（180°変化した）信号を帰還させればよい。

ここでの発振条件は

$$f = \frac{1}{\sqrt{6}} \cdot \frac{1}{2\pi CR} \tag{6.9}$$

$$\beta = \frac{1}{29} \tag{6.10}$$

となる。

図 6.13 にブリッジ形 RC 発振回路の一例を示す。

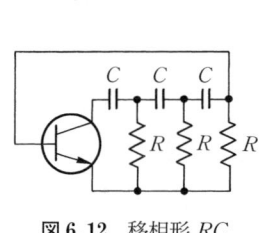

図 6.12 移相形 RC 発振回路

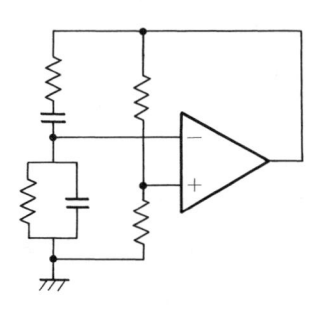

図 6.13 ブリッジ形 RC 発振回路

6.2 変 調 回 路

映像信号や音声信号を遠方まで伝送するためには高周波の信号にして送る必要があることを述べたが、ここではその仕組み、変調を説明しよう。

6.2.1 変調の種類

変調には振幅変調、周波数変調、PCM などいくつかの種類がある。

図 6.14(a)に示すように周波数と振幅が一定の高周波を搬送波として選び、これを図(b)の信号によって変化させる。この変化のさせかたによって図(c)から図(e)の3種類がある。

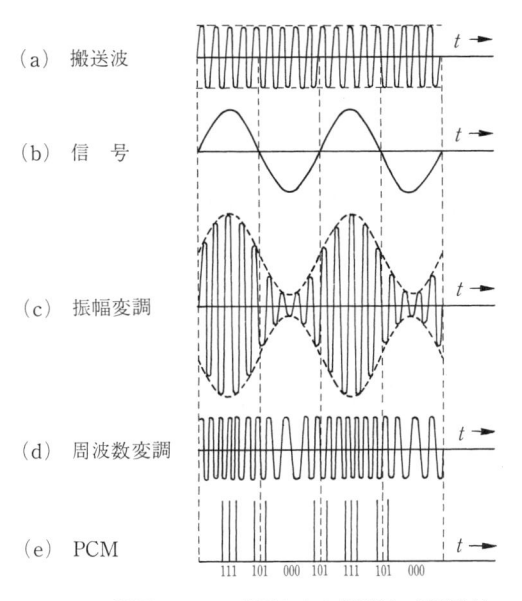

(a) 搬送波
(b) 信　号
(c) 振幅変調
(d) 周波数変調
(e) PCM

図 6.14　信号によって変調された搬送波（変調波）

図(c)は、搬送波の振幅を信号で変化させるもので、振幅変調と呼び、amplitude modulation の略称で AM ともいう。中波のラジオ放送や、現在の NTSC 方式テレビ放送で映像信号の変調などに幅広く用いられている。

図(d)は、搬送波の周波数を信号で変化させるもので、周波数変調と呼び、frequency modulation の略称で FM ともいう。ラジオの FM 放送や、現在のテレビ放送で音声信号の変調など幅広く用いられている。

図(e)は、パルスの組合せを信号で変化させるもので、振幅変調や周波数変調とは大きく異なる変調方式である。すなわち、搬送波が一定の正弦波ではなく、一定間隔のパルス列になっていて、信号波形の振幅に応じてパルスの有無、つまり1, 0の組合せを変化させる。信号をAD変換し、レベルに応じて2進法の数字を当てはめていき、パルス列を作るものである。標本化、量子化、符号化が基本技術となる。pulse code modulation の略称で PCM という。最近のディジタル技術、半導体技術の進歩により、誤り訂正技術が駆使され、伝送に欠かせないものとなっている。

6.2.2 振幅変調

搬送波 v_C を

$$v_C = V_{CM}\sin\omega_C t \quad (\omega_C = 2\pi f_C) \tag{6.11}$$

とする。ここに、v_C は搬送波の瞬時値、V_{CM} は搬送波の最大値、ω_C, f_C はそれぞれ搬送波の角周波数、周波数である。一方、信号波 v_S を

$$v_S = V_{SM}\cos\omega_S t \quad (\omega_S = 2\pi f_S) \tag{6.12}$$

とする。ここに、v_S は信号波の瞬時値、V_{SM} は信号波の最大値、ω_S, f_S はそれぞれ信号波の角周波数、周波数である。

このように定めると振幅変調波 v_{AM} は、搬送波の振幅を信号波によって変化させるものであるから、次式で表される。

$$v_{AM} = (V_{CM} + v_S)\sin\omega_C t \tag{6.13}$$

〔1〕 **周波数成分** v_S に式(6.12)を代入して整理すると

$$\begin{aligned}v_{AM} &= (V_{CM} + V_{SM}\cos\omega_S t)\sin\omega_C t = V_{CM}\sin\omega_C t + V_{SM}\sin\omega_C t \cos\omega_S t \\ &= V_{CM}\sin\omega_C t + \frac{V_{SM}}{2}\sin(\omega_C + \omega_S)t + \frac{V_{SM}}{2}\sin(\omega_C - \omega_S)t\end{aligned}$$

$$\tag{6.14}$$

6.2 変 調 回 路　　101

となる。

　この式より振幅変調波は f_c, $f_c + f_s$, $f_c - f_s$ の3種類の周波数成分から成り立つことがわかる。ここで $f_c + f_s$ の成分を上側帯波, $f_c - f_s$ の成分を下側帯波という。図 6.15 に振幅変調の周波数成分の関係を示す。

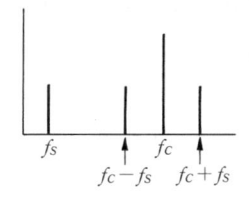

図 6.15　振幅変調の周波数成分

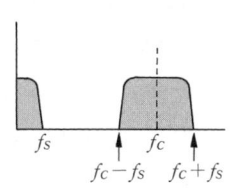

図 6.16　振幅変調の信号と周波数の関係

　実際には，信号波は単一の周波数ではなく多くの周波数成分を含んでいる。信号の周波数が図 6.16 のように直流から f_s までの周波数帯域幅を有していると，変調周波数成分も上側帯波，下側帯波とも周波数帯域を有し，f_c を中心周波数として $f_c + f_s$, $f_c - f_s$ まで上下に対称に広がる。したがって，振幅変調の場合，信号の周波数帯域幅が f_s の場合には，振幅変調波の周波数帯域幅は $2f_s$ となる。

〔2〕**変 調 度**　振幅変調波は，式(6.14)および図 6.17 に示すように，搬送波の最大値 V_{CM} を中心に信号波の最大値 V_{SM} で包絡線（エンベロープ）が変化している。このとき，V_{SM}/V_{CM} を変調度という。変調信号の振幅が 0 まで下がるようになったときが 100％変調である。

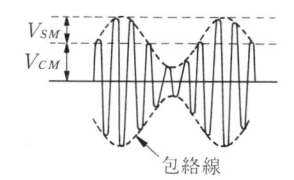

図 6.17　変 調 度

〔3〕**振幅変調回路**　振幅変調回路の代表例としてコレクタ変調回路で説明しよう。

図 6.18 はコレクタ変調回路の原理を説明したもので，トランジスタは C 級動作になるようにバイアス回路が設定されている．トランジスタのベースには高周波の搬送波 v_c が加えられるが，トランジスタが飽和動作するように十分大きな振幅が供給される．一方，コレクタには搬送波の周波数 f_c に同調した共振回路と直列に信号波 v_s が入力される．コレクタは電源電圧と信号が加算された $V_{cc} + v_s$ で変化することになるから，半波整流の波形に似た形の信号電流がコレクタに流れることになる．コレクタには共振回路が接続されているので，出力側には上下の振幅が対称になった振幅変調波が得られる．

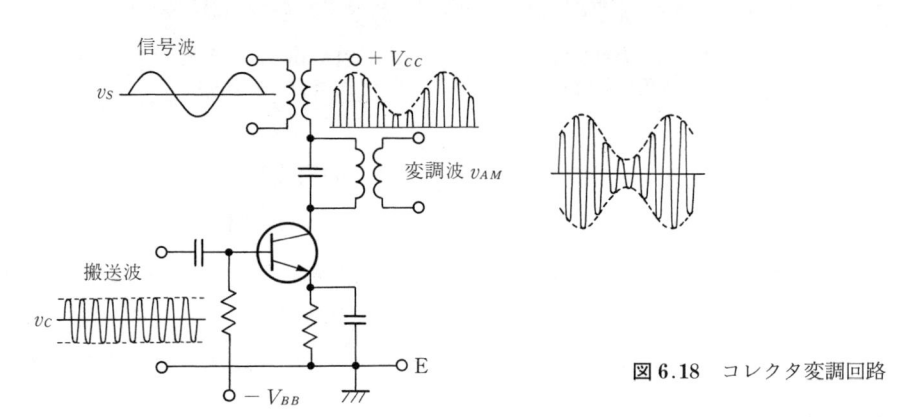

図 6.18 コレクタ変調回路

つぎに，搬送波抑圧変調回路について説明しよう．

振幅変調の場合には電力の大部分は搬送波によって占められ電源効率がよくない．また，信号成分がない場合でも搬送波が存在しているので，伝送効率もよくないという欠点がある．そこで，搬送波を抑圧して側帯波だけを伝送すれば伝送効率が改善されることになる．これを搬送波抑圧変調という．

また，側帯波は図 6.15，6.16 に示したように上下同じものが存在する．そこで，上下のどちらかだけを伝送することによって，さらに効率のよい伝送が可能になる．このような伝送方式を単側波帯（single side band：SSB）変調方式という．

図 6.19 は搬送波抑圧変調回路でリング変調回路といわれる．搬送波 v_c が端子 A-B 間に加えられるが，搬送波の正の半周期では A が＋，B が－とする

6.2 変調回路

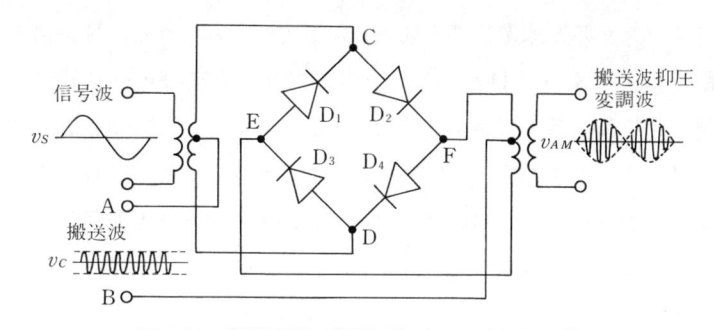

図 6.19 搬送波抑圧変調回路（リング変調回路）

と，CD が＋，EF が－になるから，ダイオード D_2 と D_3 が ON，D_1 と D_4 が OFF になる．一方，搬送波の負の半周期では A が－，B が＋となるから，CD が－，EF が＋になり，ダイオード D_2 と D_3 が OFF，D_1 と D_4 が ON になる．搬送波 v_C は出力トランスでは相殺されて二次側に現れないが，信号波 v_S は搬送波 v_C の極性（正の半周期か負の半周期）によって反転して出力トランスに現れる．このようにして，出力には搬送波が除去された搬送波抑圧変調波が得られる．ここではまだ，上下の二つの側帯波が含まれているので，SSB にするためには帯域通過フィルタ（BPF）でどちらかの周波数成分だけを取り出せばよい．

〔4〕**振幅変調波の復調回路**　振幅変調波から原信号を再生する回路を復調回路（検波回路）という．振幅変調波は包絡線が信号波なので，これを再生できればよい．これは 2 章で学んだダイオードによる整流回路で実現できる．ダイオードを 1 個用いた半波整流回路や，4 個用いた全波整流回路を通すと，交流信号を直流信号に変換できると説明したが，同じ原理で変調信号を復調して原信号を再生できる．

実際の復調回路では図 6.20 のように，抵抗 R にコンデンサ C を並列に接

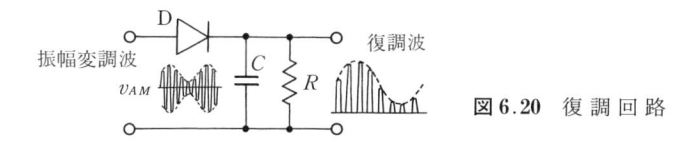

図 6.20 復調回路

続し，コンデンサの充放電特性を利用したものが用いられる。変調信号がプラスの範囲ではダイオード D が ON になり，プラス方向のピーク値でコンデンサが充電される。変調信号が小さくなると，コンデンサも放電され，マイナス範囲ではダイオードが OFF になるので，コンデンサに蓄電された電荷で信号レベルが保持される。コンデンサの静電容量が大きすぎると原信号の変化に追いつけなくなり，原信号の正しい再生ができなくなる。これは CR の時定数によって決まるので，効率のよい値に設定する必要がある。

一般的には原信号の最高周波数を f_{SM} とすれば，CR の時定数は

$$CR \leq \frac{1}{2\pi f_{SM}} \tag{6.15}$$

に選べばよい。

前述したような搬送波抑圧変調波を復調する場合には，復調側で搬送波を再生させて付加しなければならない。標準のテレビジョン信号である NTSC 信号のカラー信号を復調する際には，水平周期ごとに副搬送波の基準信号をバースト信号として数サイクル付加して送信し，受信側ではこのバースト信号を基に連続した副搬送波を再生することが行われている。これは周波数，位相ともに精度の高い搬送波が必要なためである。

6.2.3 周波数変調

振幅変調の場合と同様に，搬送波 v_C を

$$v_C = V_{CM}\sin\omega_C t \qquad (\omega_C = 2\pi f_C) \tag{6.16}$$

信号波 v_S を

$$v_S = V_{SM}\cos\omega_S t \qquad (\omega_S = 2\pi f_S) \tag{6.17}$$

とする。周波数変調波 v_{FM} は搬送波 v_C の周波数 $f_C (=\omega_C/2\pi)$ を信号波によって変化させるものであるから，被変調波角周波数を ω_m とすると

$$\omega_m = \omega_C + \Delta\omega\cos\omega_S t \tag{6.18}$$

とすればよい。

一方，任意の時刻 t における角 ψ は ω_C を時間 t で積分して

$$\psi = \int \omega_c dt = \omega_c t + \frac{\Delta\omega}{\omega_s}\sin\omega_s t \tag{6.19}$$

となる。そこで周波数変調波は

$$v_{FM} = V_{CM}\sin\left(\omega_c t + \frac{\Delta\omega}{\omega_s}\sin\omega_s t\right) \tag{6.20}$$

ここで，最大角周波数偏移を信号角周波数で割ったもの

$$\frac{\Delta\omega}{\omega_s} = m \tag{6.21}$$

を変調指数という。

また，周波数変調波の周波数スペクトルは信号周波数の間隔で多数現れる。そこで周波数変調波の占有帯域幅は広くなる。しかし，中心周波数から離れた周波数成分は十分小さくなるから，Δf と f_s の最大値の 2 倍を周波数変調波の占有帯域幅とすることができる。

〔1〕**周波数変調回路** LC 発振回路の共振部に信号波の強弱に応じてインダクタンスや静電容量が変化するような素子を用いることで行われる。これには電圧を加えることによって静電容量が変化するような可変容量ダイオードが使われる。

図 6.21 にコルピッツ発振回路を応用した周波数変調回路の一例を示す。可変容量ダイオードに逆バイアスをかけ，信号を印加すると信号電圧の大きさによってダイオードの静電容量が変化し，それによって搬送波の周波数が変化する。

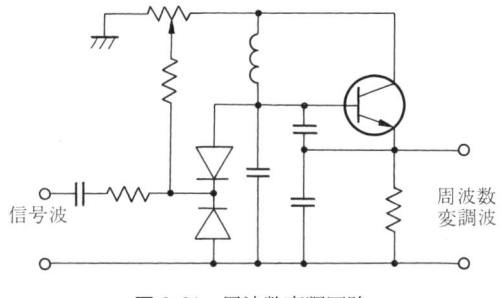

図 6.21　周波数変調回路

〔2〕 **周波数変調波の復調回路** FM信号の復調には，振幅変化に変換して復調する方式と，位相比較により位相差を検出してそれを電圧に変換する方式とがある。

前者の方式には，フォスターシーリー周波数弁別回路と呼ばれるものがある。図6.22に示すように，二つの共振回路 L_1C_1, L_2C_2 は，いずれもFM信号の中心周波数 f_c に同調するように選定されている。L_1, L_2 は疎に結合されていて，C_2 の両端に電圧 V_2 を発生させている。また，C_0 を介して一次側の共振電圧を二次側の L_2 の中点に加えている。

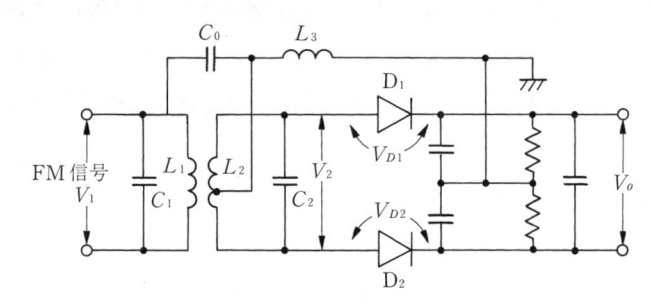

図6.22 フォスターシーリー周波数弁別回路

ここで，ダイオード D_1, D_2 に加わる電圧をそれぞれ V_{D1}, V_{D2} として，これらと V_1, V_2 の関係を考えてみよう。

まず，V_1, V_2 の位相差 θ はFM信号の周波数 f が中心周波数 f_c との大小で変化し

$$\left.\begin{array}{l} f = f_c \text{ のとき}: \theta = \dfrac{\pi}{2} \\[4pt] f > f_c \text{ のとき}: \theta < \dfrac{\pi}{2} \\[4pt] f < f_c \text{ のとき}: \theta > \dfrac{\pi}{2} \end{array}\right\} \tag{6.22}$$

一方，V_1 は C_0 を介して L_2 の中点に加えられている。そこで，ダイオード D_1, D_2 に加わる電圧 V_{D1}, V_{D2} はそれぞれ

$$V_{D1} = V_1 + \frac{V_2}{2} \tag{6.23}$$

$$V_{D2} = V_1 - \frac{V_2}{2} \tag{6.24}$$

となる．この関係は図 6.23 に示すようになる．

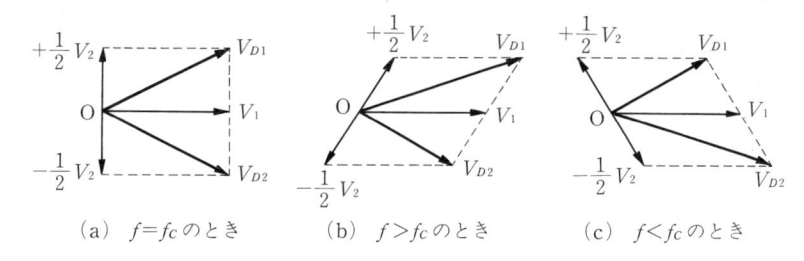

(a) $f=f_c$ のとき　　(b) $f>f_c$ のとき　　(c) $f<f_c$ のとき

図 6.23　周波数変化と V_1，V_2，V_{D1}，V_{D2} の関係

ダイオード D_1，D_2 の復調効率を η とすると，出力電圧 V_o は

$$V_o = \eta(|V_{D1}| - |V_{D2}|) \tag{6.25}$$

となる．

したがって，図 6.24 に示すように，$f > f_c$ のとき $|f - f_c|$ に比例した正の電圧，$f < f_c$ のとき $|f - f_c|$ に比例した負の電圧，いわゆる FM 復調回路の S 字特性が得られる．一般にはこの中心部の直線範囲が使用される．

つぎに，PLL (phase locked loop) を利用した FM 復調回路について述べる．

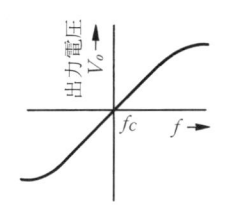

図 6.24　FM 復調回路の S 字特性

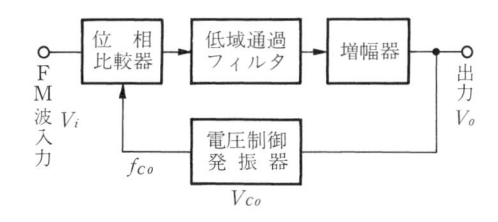

図 6.25　PLL を用いた FM 復調回路

この回路は図 6.25 に示したように，電圧制御発振器と位相比較器から構成される．電圧制御発振器は，電圧によって発振周波数が制御される発振器で，

6. 各種の電子回路

FM信号の中心周波数 f_c の電圧を基準にして，この基準電圧より出力電圧が大きくなると発振周波数が高く，基準電圧より出力電圧が小さくなると発振周波数が低くなる。通常，出力の信号は方形波で得られる。

一方，位相比較器ではこの方形波信号を適当な時間遅らせる移相器を通して，FM信号をスイッチングさせると，**図 6.26** に示すように，$f = f_{co}$ のときは積分値が相殺されて出力が 0 となる。$f > f_{co}$ となると正の出力，$f < f_{co}$ となると負の出力が得られ，両者の周波数の差に応じた出力電圧を得ることができる。

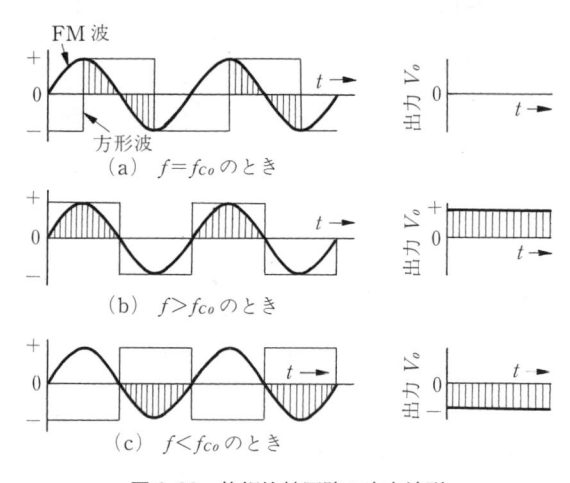

図 6.26 位相比較回路の出力波形

6.3 直流電源回路

電子回路を動作させるために直流電源回路が必須である。最近の携帯機器には電池が使われるが，屋内の商用電源（AC 100 V）を使用する場合は，交流電源から直流電源を作り出す必要がある。これには整流作用と電圧の安定化が必要になる。

6.3.1 整流作用

交流電圧を直流電圧に変換する回路を整流回路という。整流回路は、2章でダイオードの応用回路として述べた。半波整流回路やブリッジ整流回路の出力に、コンデンサや LPF を設けて交流成分を除去すれば一定の直流電圧が得られる。ところが、負荷抵抗 R_L が一定であれば問題となることは少ないが、多くの場合、負荷抵抗が変動して電流，電圧が変化し、交流成分のリプルも変動する。電源が変動すると回路も安定に動作せず、雑音が混入して SN 比が低下する。

そこで、負荷変動にも安定に動作するよう、電源回路の安定化が必要になる。

6.3.2 電源の安定化

図 6.27 は、半波整流回路に抵抗 R_1 と定電圧ダイオード D_2 を付け加えたものである。

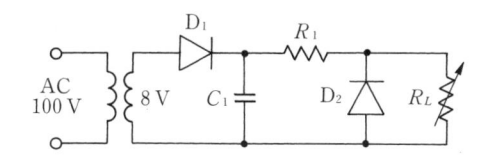

図6.27 定電圧ダイオードによる安定化回路

定電圧ダイオードは2章のダイオードの項で説明したもので、逆方向の電圧を加えていくと、所定の電圧値を超えたとき急激に電流が流れ、両端の電圧を一定値に保つものである。

いま、整流用ダイオード D_1 とコンデンサ C_1 で DC 8 V が得られているとき、5 V の定電圧ダイオードを用いて、安定化回路を設計してみよう。負荷に流れる電流の変化を 0〜100 mA とする。抵抗 R_1 には、定電圧ダイオードと負荷抵抗の両方に流れる電流が流れるから、100 mA + α の電流が流れるように抵抗を選定する必要がある。負荷には DC 5 V が必要であるから抵抗による電圧降下は 3 V となる。そこで

$$R_1 < \frac{3\,\text{V}}{0.1\,\text{A}} = 30\,\Omega \tag{6.26}$$

となり，30Ω以下に選定する必要がある．R_1 を 25Ω に選べば，ここを流れる電流は

$$\frac{3\,\text{V}}{25\,\Omega} = 0.12\,\text{A} \tag{6.27}$$

となる．定電圧ダイオード D_2 に流れる電流は，負荷の電流が 0 mA のとき 0.12 A，負荷の電流が 100 mA のとき 0.02 A となる．ダイオードの最大電力消費は

$$5\,\text{V} \times 0.12\,\text{A} = 0.6\,\text{W} \tag{6.28}$$

となる．

図 6.28 は，定電圧ダイオードとトランジスタを組み合せた安定化回路である．トランジスタの電流増幅作用を利用して，定電圧ダイオードはベース電流を供給するようにして，直接に定電圧ダイオードに加わる電力消費を減らしたものである．

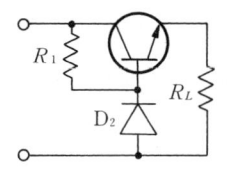

図 6.28 トランジスタによる安定化回路

なお，最近では電圧制御用 IC で安定化電源が容易に作られるようになってきた．

練 習 問 題

（1） 発振回路に必要な条件を挙げて説明せよ．
（2） 発振回路の構成要件をブロック図を書いて説明せよ．
（3） 図 6.29 の回路は発振回路を示したものである．それぞれの発振回路の名称はなにか．また，発振周波数はいくらになるか．

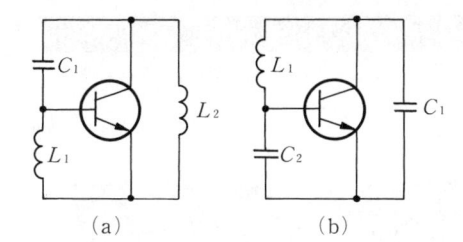

          (a)   (b)   図 6.29 発振回路

(4) 水晶振動子を発振回路に用いる場合,誘導性リアクタンスとして動作させると発振周波数が安定するのはなぜか。
(5) LC 発振回路で周波数が安定しないのはどういう理由からか。
(6) 搬送波を $v_c = V_{CM}\sin\omega_c t$,信号波を $v_s = V_{SM}\cos\omega_s t$ としたとき,つぎの問に答えよ。
  (a) 振幅変調波はどのように表されるか。
  (b) 上側帯波,下側帯波はどのようになるか。
  (c) 振幅変調波の帯域幅はどのようになるか。
(7) 搬送波の振幅を V_{CM},信号波の振幅を V_{SM} としたとき,これらを用いて変調度 m はどのように表されるか。
(8) 搬送波を $v_c = V_{CM}\sin\omega_c t$,信号波を $v_s = V_{SM}\cos\omega_s t$,最大周波数偏移を Δf としたとき,つぎの問に答えよ。
  (a) 周波数変調波はどのように表されるか。
  (b) 周波数変調波の帯域幅はどのようになるか。
(9) PLL を用いた FM 復調回路のブロック図を示し,動作を説明せよ。

7. 画像機器への応用

この章では，これまで学んできた電子回路が実際の画像機器にはどのように応用されているか，CCDカメラや，ディジタルカメラの回路を中心に概観していこう。

7.1 ダイオードの応用回路

7.1.1 CMOSセンサ

図7.1は，CMOS撮像デバイスの構成を示したものである。各画素はホト

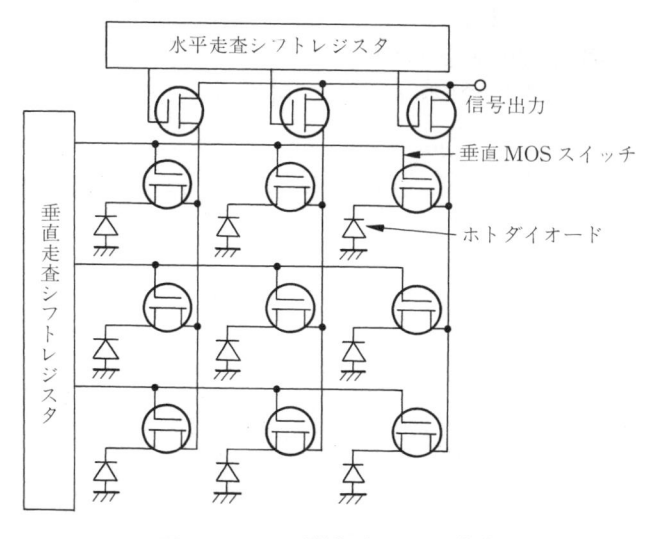

図7.1 MOS形撮像デバイスの構成

7.1 ダイオードの応用回路

ダイオードとスイッチング用の MOS トランジスタから構成される．図では水平垂直ともに3画素ずつ，合計で9画素の場合を示しているが，VGA-CMOS センサでは有効画素数として，水平640画素，垂直480画素が配列されている．また，高画素タイプのディジタルカメラに使われる334万画素の CCD としては，水平2 048画素，垂直1 536画素の画像が撮れるような画素配列が行われている．

各画素にレンズを通して光が入射されるとホトダイオードで光電変換され，入射光の強弱に応じた信号電荷が蓄積されていく．図では省略されているが，ホトダイオードと並列に信号蓄積のためにコンデンサがそう入されていて，ここに信号電荷が時間とともに蓄えられていく．

このようにして，各画素に蓄積された信号電荷は，二つの MOS トランジスタによってスイッチングされて出力部に取り出される．すなわち垂直走査シフトレジタにより，第1の走査線が選択され，MOS トランジスタがオンになる．つぎに水平走査シフトレジスタにより，左から順番に MOS トランジスタがオンになり，ホトダイオードに蓄積されていた信号電荷が順次出力部に取り出されていく．第1の走査線の信号がすべて読み出されると，垂直走査シフトレジスタにより第2の走査線が選択され，再びこのラインの走査が開始される．このようにして垂直480画素，水平640画素の走査が順次行われていく．

ここで用いられるホトダイオードは図7.2に示すように，特殊な n^+pn 構造が用いられる．空乏層の内部で光電変換によって発生したキャリヤは信号電荷

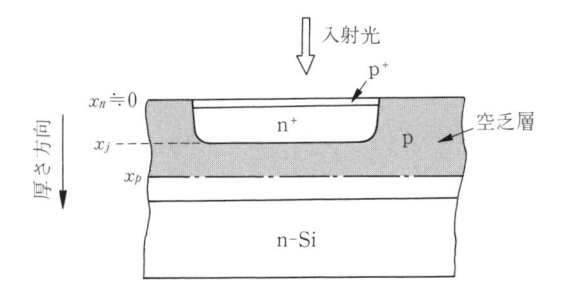

図7.2 n^+pn ホトダイオードの断面構造

としてコンデンサに蓄積されていく。目に感じる可視光線の大部分はここで光電変換される。しかし，近赤外光線などの長波長の光は，空乏層を通り抜けて基板内部に達し，ここでキャリヤが発生するが，基板内部で再結合して信号電荷としては寄与しない。

半導体表面近くでは，界面準位による再結合のために短波長感度が低下するが，最近の撮像デバイスでは埋め込みホトダイオードの構造によってこれらを防いでいる。

MOSセンサや，CCDセンサに用いられるホトダイオードの分光感度特性は，図7.3のようになっている。センサそのものでは1 000 nm程度の近赤外光線まで感度が延びている。実際のカメラでは可視光線に対して感度があり，赤外光線の感度は不要なので，赤外カットフィルタを用いて可視光線だけの感度にして使用している場合が多い。

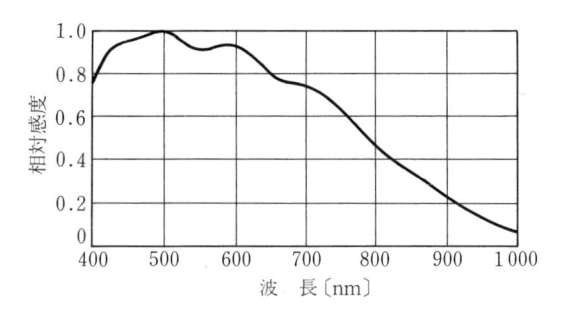

図7.3 CCDの分光感度特性

7.1.2 ガンマ補正回路

CCDやCMOSセンサを用いたビデオカメラ，ディジタルカメラの電子回路には，表示側で最適な表示効果が得られるように，あらかじめ撮像側でさまざまな補正や処理を行っている場合が多い。

ガンマ補正回路もその一つである。CRT（cathode ray tube：受像管，いわゆるブラウン管）の発光は，入力信号に対して直線的に変化するのではなく，指数が2.2なるように曲線状に変化する。これをガンマ特性が2.2であるとい

7.1 ダイオードの応用回路

う．これでは入力信号が正確な階調特性を持っていても正しい階調が表現できなくなる．そこで，撮像から受像までの全体でガンマ特性が1になるように補正しなければならない．受像機側で補正してもよかったのだが，当初は受像機でいちいち補正するよりは撮像側でガンマ特性の補正を行ったほうが全体としては効率がよいとされていた．そのために，ガンマ補正回路をカメラ側でもつことになったのである．1/2.2＝0.45 であるから，この値が得られるようにダイオード特性を使って補正を行っている．

図 7.4 に示すように，数個のダイオードを並列に並べ，それぞれのバイアス電圧を変化させておく．すると，入力信号の振幅に応じてダイオードが順次オンになり，負荷抵抗の値が小さくなっていき，入力信号が増加しても出力信号がそれほど増えない．そこで，図 7.5 に示すように，入出力特性が入力信号の

図 7.4　ガンマ補正回路

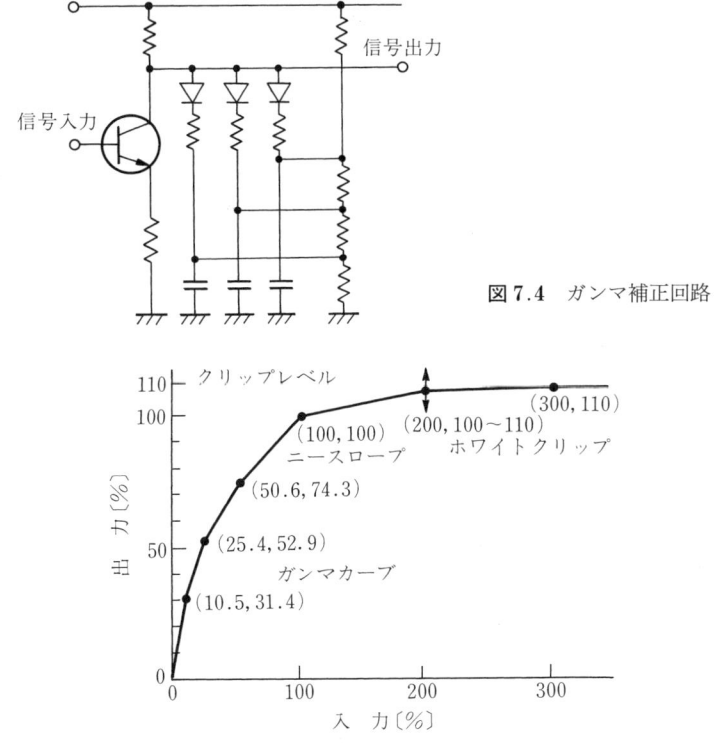

図 7.5　実際のカメラの振幅特性

116　　7. 画像機器への応用

大きさに応じてしだいに曲がっていく。ダイオードが順次オンになっていくので折れ線近似になるが，ダイオード特性も曲線になっているので，実用上問題のない程度に近似が行われる。

なお，ダイオードの代わりに，トランジスタのベース-エミッタ間の整流作用を使うこともある。

7.1.3　ニー特性とホワイトクリップ回路

自然界では暗い夜景から真夏の太陽光の景色まで，明るさが広範囲に変化する。全範囲にわたって，信号を飽和することなく伝送するのは不可能である。カメラでは自動絞りや，電子シャッタ動作などで自動的に光量調整が行われるが，過度の入力信号に対しては信号の振幅を制限することが必要になる。

そこで，放送局用のカメラ回路では入出力特性を図7.5のように定めている。最初0から100％までの入力に対しては$\gamma = 0.45$のなだらかな特性にしておき，規定の100％レベルを超えると300％まではニースロープで急峻にカーブを寝かせる。さらに，300％を超えると信号をクリップして，これ以上出力信号が増加しないように制限する。

この特性は図7.4と同様にダイオードに直列に入る抵抗の値を小さく設定することにより実現できる。

7.2　雑音除去回路

7.2.1　CDS回路

CDS回路は相関二重サンプリング（correlated double sampling）回路の略称で，CCDやCMOSセンサの雑音抑圧回路の一つである。

CCDからの出力信号の波形を細く見ると，**図7.6**のように，3期間の信号に分かれている。リセット期間 t_R，フィードスルーの0レベル期間 t_0，信号期間 t_S である。このとき，0レベル期間に含まれる雑音と信号期間に含まれる雑音が同じ $+N$ であることに着目する。0レベル期間の電位を基準にして信

7.2 雑音除去回路

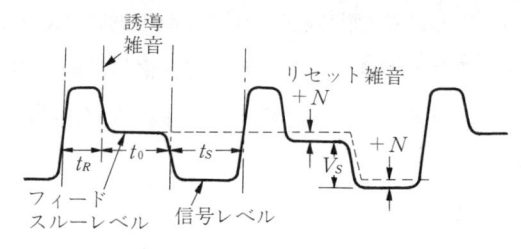

図7.6 CCD撮像デバイスの信号出力波形

号期間の電位を求めることができれば雑音成分を除去できるわけである．実際には，0レベル期間の電位，フィードスルーレベルをクランプしたうえで，信号期間の信号レベルをサンプルホールドする．これによりリセット雑音である，$+N$の成分を除去することができる．

図7.7は，これを実現するための回路で，二つのMOSFETスイッチとバッファアンプで構成されている．この動作は，まずt_0でリセットスイッチS_RをONにし，一定電位にクランプする．つぎにt_SでリセットスイッチS_RをOFFにすると，C_1の出力側はクランプ電位から信号電荷のレベルだけ増加する．この状態でサンプリングスイッチS_SをONにすると，このレベルがコンデンサC_2に蓄えられる．このようにして，$+N$成分を除いた信号成分だけが信号出力として取り出される．

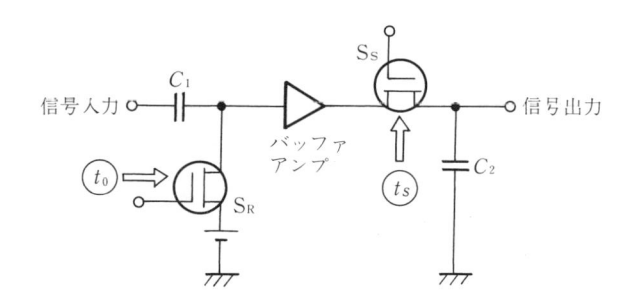

図7.7 CDS回路の構成

この回路を有効に動作させるには，まずCCDからの信号波形が，図7.6のようにきれいに分かれて得られることが必要になる．さらに，温度変化などの影響があっても，各サンプリングパルスが所定の位置を正しくサンプリングし

なければならない．もし，位相関係がずれて異なる位置にくると，かえって雑音が加算されたりする恐れがある．したがって，信号の最高周波数の3倍以上の周波数帯域を持ち，高速パルスが精度よく得られる回路技術が必須になる．

7.2.2 クランプ回路

CCDやCMOSセンサなどから得られる映像信号は，波形を正確に伝送しなければならない．振幅方向だけでなく，周波数特性，位相特性も広く，ひずみのない増幅回路が必要である．しかしながら，直流に近い低周波成分から数MHzの高周波成分までを扱える広帯域増幅器を実現するのは容易なことではない．通常は，コンデンサで直流成分を通さない場合もあるので，このときには直流成分を再生する必要がでてくる．画像の垂直走査周波数は，日本や米国の標準テレビジョン方式のNTSC方式では60 Hzである．低周波成分が通らないと画面にサグが生じ，画面内で色が変化する色むらが発生したり，画面内で明るさが変化するなど，カラー画質が著しく劣化する．

クランプ回路は映像信号が周期性を持っていることを利用して直流成分の再生を行い，低周波雑音を除去するための回路である．

図7.8のように，映像信号には水平同期パルスのあとに，映像の内容に左右されずに常に一定のレベル，ブランキングレベルに保たれている部分がある．この位置をクランプして一定の直流値に保つようにしてやることにより，直流

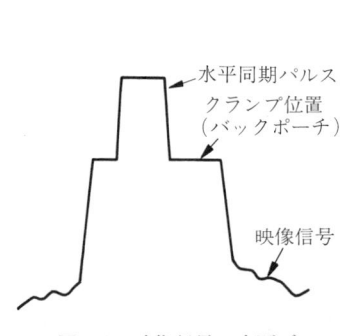

図 7.8 映像信号の水平ブランキング期間

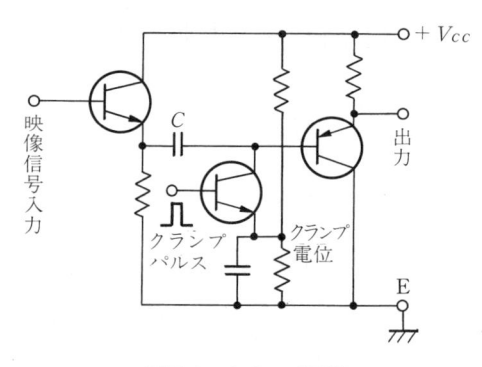

図 7.9 クランプ回路

再生を行う。

図 7.9 は，実際のクランプ回路を示したもので，クランプ位置（バックポーチ）の期間に相当するクランプパルスが入るたびにスイッチが ON となり，一定の直流レベル V_c にクランプされる。コンデンサ C には V_c が充電され，スイッチが OFF になると放電を始めるが，負荷は pnp トランジスタのエミッタホロワだけなので，入力インピーダンスは十分高く，水平走査期間はこのレベルが保持される。映像信号はこのレベルの上に重畳されるので，このようにして直流再生が行われる。クランプレベルの位置が低周波の雑音で動いていても水平周期ごとに固定レベルにクランプされるので，低周波の雑音も合わせて除去されるという効果もある。

7.3 輪郭補正回路

カメラから得られた映像信号は，そのまま素直に CRT などに伝送して再生させるだけでなく，よりよい画像が再現できるように数々の信号処理回路が用いられている。

この中で画面の鮮明さ，くっきり感を向上するのが輪郭補正回路である。画像は水平，垂直に走査されるので，それぞれの方向に輪郭補正回路が用いられる。

図 7.10 に輪郭補正の回路構成を，図 7.11 にその動作原理を示す。走査線 1 本分の期間に相当する時間の遅延線，NTSC 方式では 64 μs，すなわち，1 H 遅延線と走査線 2 本分の遅延時間を得るためにさらに 1 H 遅延線を用いる。原信号 f_0，1 H 遅延信号 f_H，2 H 遅延信号 f_{2H} の 3 信号を作り，この 3 信号を

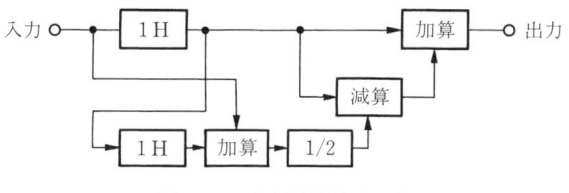

図 7.10 垂直輪郭補正回路

7. 画像機器への応用

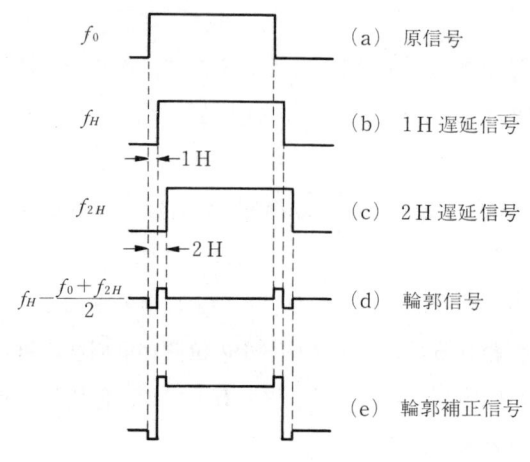

図7.11 垂直輪郭補正の原理

演算して輪郭信号を作りだしていく。

原理を説明するために原信号 f_0 を図7.11(a)のような方形波とする。1H遅延信号 f_H を基準にして演算を行い，$f_H - (f_0 + f_{2H})/2$ を作ると，図(d)のような輪郭信号が得られる。この信号を1H遅延信号 f_H に加えると，図(e)のような輪郭補正信号が得られる。これは信号が立ち上がる直前に，いったんマイナスに下げ，立ち上がった時点でさらにプラスに上げることにより，図(e)に示すような輪郭補正信号となり，輪郭が強調される。

垂直方向の輪郭信号は走査線1本分の間隔が最小単位であり，これ以上細かい輪郭信号を得ることはできない。

水平方向の輪郭補正も原理的には垂直輪郭補正と同じ方式である。ただし，垂直輪郭信号は1H遅延線で制約されたが，水平輪郭信号の場合には遅延時間 τ を任意の時間に選定できることが特徴である。τ を小さい時間に選べば輪郭信号の周波数が高くなり，より細かい輪郭信号を得ることができる。通常は，放送用のカメラでは3〜5MHzに選定する。また，遅延時間 τ は一つだけでなく，複数個にして重みづけ加算を行うことで，より自然な輪郭信号を作ることができる。

図7.12は，水平輪郭補正回路の一例である。原信号を f_0，時間 τ 遅延した

7.4 加 算 回 路

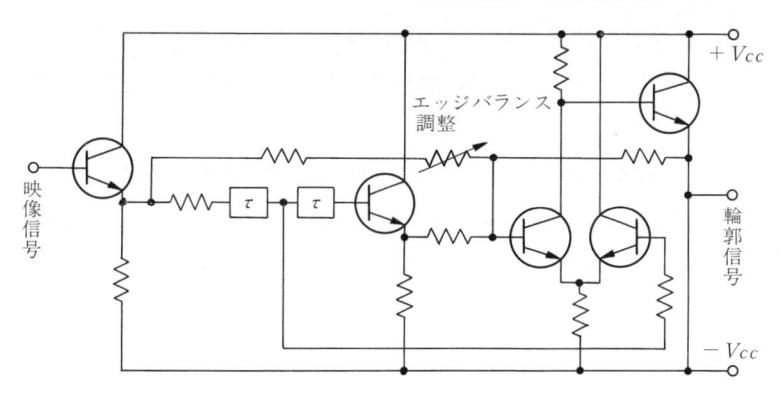

図 7.12 水平輪郭補正回路

信号を f_τ, 2τ 遅延した信号を $f_{2\tau}$ とすると $(f_0 + f_{2\tau})/2 - f_\tau$ が輪郭信号となる。原信号 f_0 はエミッタホロワの出力で，抵抗を介して，2τ 遅延信号 $f_{2\tau}$ と加算される。一方，τ 遅延信号 f_τ はトランジスタ 2 個を用いた混合増幅器で反転されて加算される。エッジバランス調整は，原信号の振幅を調整して画像の左右につく輪郭信号のバランスを調整するものである。

7.4 加 算 回 路

カメラの回路では同期信号を付加したり，輝度信号と色信号を加算するなど，各種の映像信号の加算回路が用いられる。

図 7.13 は，映像信号に同期信号を加算するための回路である。同期信号が

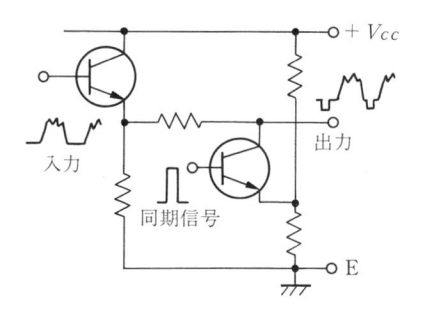

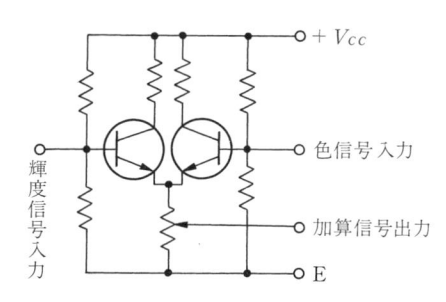

図 7.13 同期信号付加回路　　　図 7.14 輝度信号と色信号の加算回路

加わると，トランジスタを ON にして，コレクタ電位が一定の直流レベルに保たれるようにしている．この回路では電源電圧を分割して直流値を設定している．

図 7.14 は，輝度信号と色信号の加算回路である．抵抗で加算することもできるが，相互の干渉を防ぐことができる．ここでは 2 個のトランジスタを用いて，それぞれのベースに所定の信号を加え，共通のエミッタ抵抗から加算した信号を取り出すようにしている．

練 習 問 題

（ 1 ） CMOS 撮像デバイスの画素は，なにとなにから構成されているか．
（ 2 ） ガンマ補正回路を書いて動作を説明せよ．
（ 3 ） ホワイトクリップ回路とガンマ補正回路とはなにが違うか．
（ 4 ） CDS 回路の CDS とはなにの略称か．また，どのような目的で使用するのか．
（ 5 ） クランプ回路を書いて動作を説明せよ．
（ 6 ） 輪郭補正の原理を図を書いて説明せよ．

参 考 文 献

(1) 東芝半導体技術資料
(2) 日本放送協会編：放送受信技術，日本放送出版会（1982）
(3) 赤羽進，岩崎臣男，川戸順一，牧康之：電子回路（1）アナログ編，コロナ社（1986）
(4) テレビジョン学会編：テレビジョン画像情報工学ハンドブック，オーム社（1990）
(5) テレビジョン学会編：テレビジョン画像情報工学データブック，オーム社（1990）
(6) 木内雄二：イメージセンサの基礎と応用，日刊工業新聞社（1991）
(7) 竹村裕夫，田中繁夫：家庭用ビデオ機器，コロナ社（1991）
(8) 篠田庄司，和泉勲，小森通明，田丸雅夫：電子回路，コロナ社（1995）
(9) 木内雄二：画像入力技術ハンドブック，日刊工業新聞社（1992）
(10) 竹村裕夫：CCDカメラ技術入門，コロナ社（1997）
(11) 和久井孝太郎，浮ヶ谷文雄，竹村裕夫，他：テレビジョンカメラの設計技術，コロナ社（1999）

練習問題の解答

1．電子回路の基礎

（1）導体の両端に加える電圧と導体を流れる電流とは比例する．この関係は電圧を E，抵抗を R，電流を I とすると，次式で表される．
$$E = R \times I$$

（2）電流保存の法則と電圧保存の法則

分岐点に流れ込む電流を正，流れ出す電流を負とすると，その分岐点での電流の総和は0である．図1.4（a）を書く．この関係は，一般に
$$I_1 + I_2 + \cdots + I_n = 0$$
で表され，これを電流保存の法則という．

回路の中の起電力の和は，各抵抗での電圧降下の和に等しい．図1.4（b）を書く．この関係は，一般に
$$E_1 + E_2 + \cdots + E_n = R_1 \times I_1 + R_2 \times I_2 + \cdots + R_n \times I_n$$
で表され，これを電圧保存の法則という．

（3）解図1.1のようになるから
$$12\,\mathrm{k\Omega} + 22\,\mathrm{k\Omega} = 34\,\mathrm{k\Omega}$$

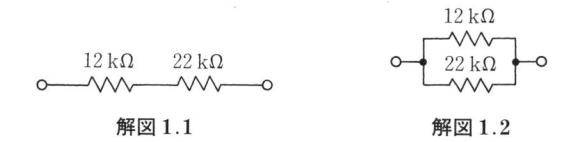

解図1.1

解図1.2

（4）解図1.2のようになるから
$$\frac{12\,\mathrm{k\Omega} \times 22\,\mathrm{k\Omega}}{12\,\mathrm{k\Omega} + 22\,\mathrm{k\Omega}} = 7.76\,\mathrm{k\Omega}$$
（有効数字2桁であるから7.8 kΩ）

（5）解図1.3のようになるから
$$10\,\mathrm{k\Omega} + 33\,\mathrm{k\Omega} + 47\,\mathrm{k\Omega} = 90\,\mathrm{k\Omega}$$

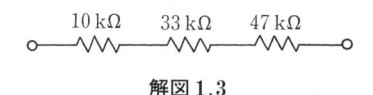

解図1.3

(6) 解図1.4のようになるから

$$\frac{1}{\frac{1}{10\,\text{k}\Omega} + \frac{1}{33\,\text{k}\Omega} + \frac{1}{47\,\text{k}\Omega}} = 6.60\,\text{k}\Omega$$

(有効数字は2桁であるから 6.6 kΩ)

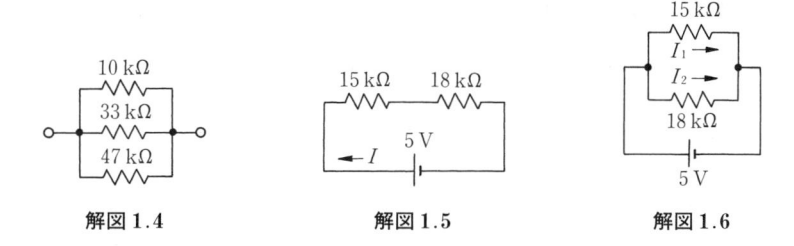

解図1.4

解図1.5

解図1.6

(7) 解図1.5のようになるから，流れる電流を I とすると

$$(15\,\text{k}\Omega + 18\,\text{k}\Omega) \times I = 5\,\text{V}$$

$$I = \frac{5\,\text{V}}{33\,\text{k}\Omega} = 0.15\,\text{mA}$$

(8) 解図1.6のようになるから

$$I_1 = \frac{5\,\text{V}}{15\,\text{k}\Omega} = 0.33\,\text{mA}, \quad I_2 = \frac{5\,\text{V}}{18\,\text{k}\Omega} = 0.28\,\text{mA}$$

$$I = I_1 + I_2 = 0.33\,\text{mA} + 0.28\,\text{mA} = 0.61\,\text{mA}$$

(9) 全体の回路を書くと解図1.7のようになる。ここで，各抵抗に流れる電流を，それぞれ I_1, I_2, I_3 とする。22 kΩ と 33 kΩ の並列抵抗 R は

$$R = \frac{22\,\text{k}\Omega \times 33\,\text{k}\Omega}{22\,\text{k}\Omega + 33\,\text{k}\Omega} = 13.2\,\text{k}\Omega$$

$$I_3 = \frac{5\,\text{V}}{13.2\,\text{k}\Omega + 10\,\text{k}\Omega} = 0.216\,\text{mA} = 0.22\,\text{mA}$$

抵抗 10 kΩ の両端の電圧降下は

$$10\,\text{k}\Omega \times 0.216\,\text{mA} = 2.16\,\text{V} = 2.2\,\text{V}$$

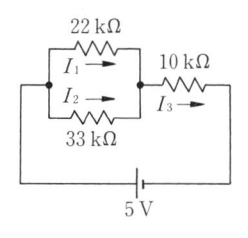

解図1.7

$$I_1 = \frac{5\,\text{V} - 2.16\,\text{V}}{22\,\text{k}\Omega} = 0.129\,\text{mA} = 0.13\,\text{mA}$$

$$I_2 = \frac{5\,\text{V} - 2.16\,\text{V}}{33\,\text{k}\Omega} = 0.086\,\text{mA}$$

解答は $I_1 = 0.13\,\text{mA}$, $I_2 = 0.086\,\text{mA}$, $I_3 = 0.22\,\text{mA}$

2. 半 導 体

（1） ダイオードの構造は図2.5，図記号は図2.6に示している。

（2） 図2.8(a)を書く。n形の端子に＋，p形の端子に－が加わるから，キャリヤはそれぞれ両電極側に引き寄せられる。そこで空乏層が一層広がり，電子障壁が増加し，電流はほとんど流れない。

（3） 図2.8(b)を書く。n形の端子に－，p形の端子に＋が加わるから，空乏層が消滅して，電子障壁がなくなり，キャリヤはそれぞれpn接合面側に移動し，これを通過して，電流が流れるようになる。

（4） 図2.9を書く。順電圧を加えると0V付近では電流がほとんど流れないが，Geでは0.3〜0.4V，Siでは0.7〜0.8V程度から急激に電流が増加する。一方，逆電圧を加えると電流がほとんど流れない。ただし，一定電圧以上になると急速に電流が流れはじめる。

（5） 回路図を描くと**解図2.1**のようになる。

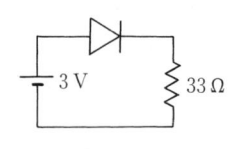

解図2.1

回路に流れる電流を I，ダイオード両端の電圧を V_D とすると，$3 = V_D + 33I$ の関係から

$$I = \frac{3 - V_D}{33} = 0.0909 - \frac{V_D}{33}\ [\text{A}]$$

$V_D = 0\,\text{V}$ のとき $I = 90.9\,\text{mA}$

$V_D = 1\,\text{V}$ のとき $I = 2/33 = 60.6\,\text{mA}$

となる。これを図2.20の上に描くと**解図2.2**のようになる。したがって，交点Pは，つぎのように読み取れる。

$V_D \fallingdotseq 0.81\,\text{V}$, $I_D \fallingdotseq 66\,\text{mA}$

練習問題の解答

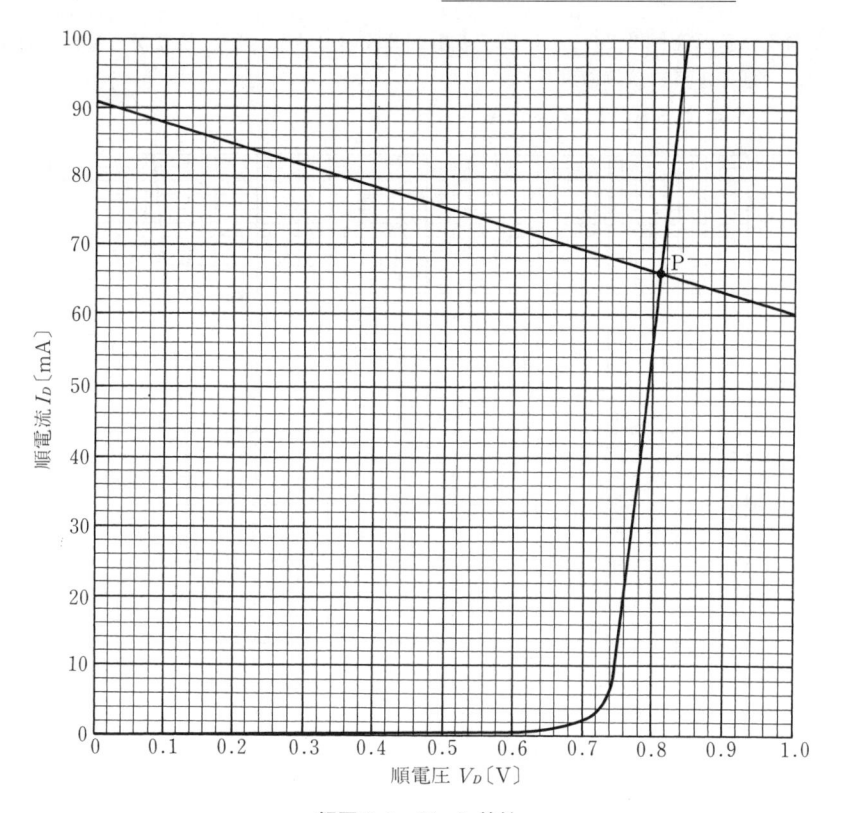

[グラフ: V_D-I_D 特性, 点P付近で交差]

解図 2.2 V_D-I_D 特性

(6) 逆電圧であるから，ダイオードに流れる電流は 0，したがってダイオードの両端にすべての電圧 1.8 V がかかる。極性を変えると順方向となるから**解図 2.3** のようになり，$1.8 = V_D + 27I$ の関係から

$$I = \frac{1.8 - V_D}{27} = 0.067 - \frac{V_D}{27} \quad [\text{A}]$$

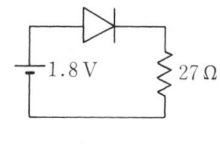

[回路図: 1.8 V 電源, ダイオード, 27 Ω 抵抗]

解図 2.3

$V_D = 0$ V のとき $I = 67$ mA
$V_D = 1$ V のとき $I = 0.8/27 = 29.6$ mA

となる。これを図 2.20 の上に描くと**解図 2.4** のようになる。したがって，交点 P は，つぎのように読み取れる。

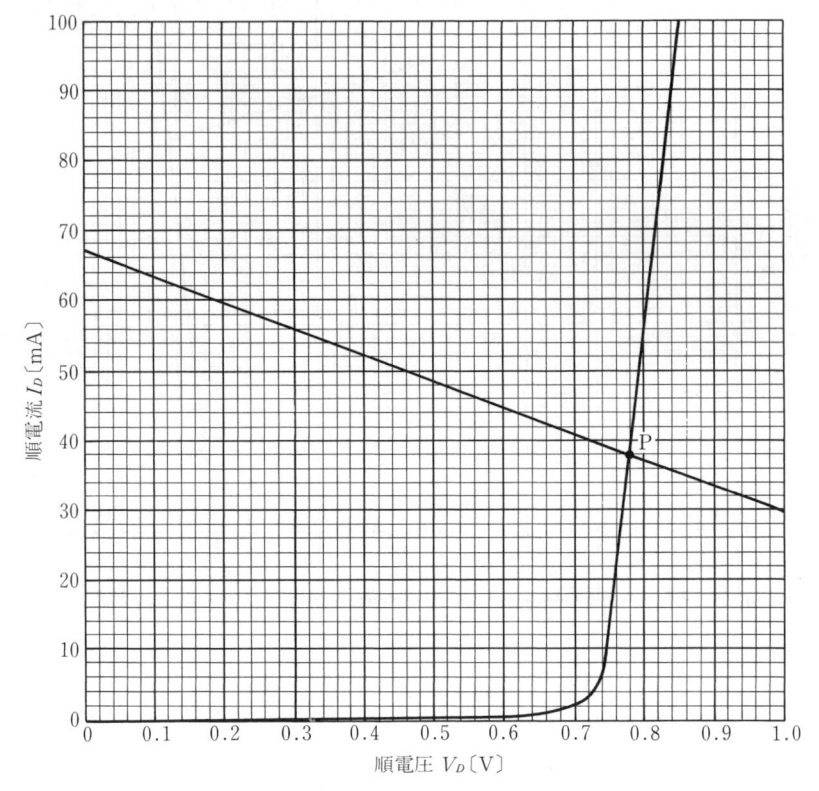

$$V_D \fallingdotseq 0.78 \text{ V}, \quad I_D \fallingdotseq 38 \text{ mA}$$

解図 2.4　V_D-I_D 特性

（7）　ダイオードによる整流回路であるから**解図 2.5** に示すようになる。

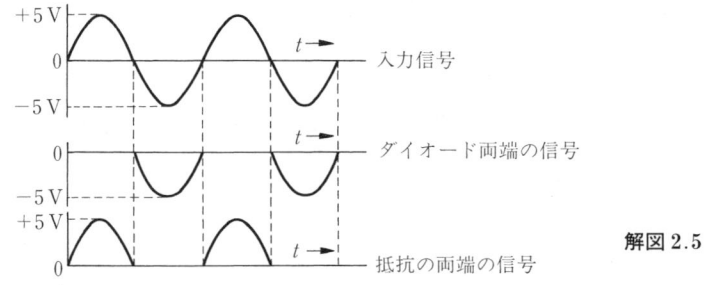

解図 2.5

厳密にはドリフト電流がわずかに流れるので，抵抗両端の信号電圧は $+5$ V よりわずかに小さくなる

練 習 問 題 の 解 答　　*129*

(8)　ホトダイオード：光の情報を電気信号に変えるダイオード。詳細は 2.3.6 項〔3〕参照。
　　発光ダイオード：信号電圧を加えることによって，発光する光の強弱が変わるようにしたダイオード。詳細は 2.3.6 項〔4〕参照。
　　可変容量ダイオード：ダイオードに加える逆バイアス電圧の大きさで静電容量が変化するダイオード。詳細は 2.3.6 項〔2〕参照。
　　定電圧ダイオード：ダイオードに特定の逆電圧を加えることにより，電圧が一定に保たれるようにしたダイオード。詳細は 2.3.6 項〔1〕参照。

3．トランジスタ回路

(1)　npn 形トランジスタの構造は図 3.1(a)，図記号は図(b)である。
(2)　pnp 形トランジスタの構造は図 3.2(a)，図記号は図(b)である。
(3)　2SC2712A の最初の数字 2：トランジスタ，S：半導体製品，C：高周波用 npn 形，2712：登録番号，A：改良品種を意味する。
(4)　出力特性：コレクタ-エミッタ間電圧とコレクタ電流との特性，V_{CE}-I_C 特性で，図 3.5(c) のような特性である。
　　電流伝達特性：ベース電流とコレクタ電流との特性，I_B-I_C 特性で，図(b)のような特性である。
　　入力特性：ベース-エミッタ間電圧とベース電流との特性，V_{BE}-I_B 特性で，図(a)の特性である。
(5)　コレクタ損 P_C はつぎの式で表される。
$$P_C = \frac{T_J - T_a}{\theta}$$
(6)　2.5 V 電源からベース抵抗，ベース-エミッタ間電圧を一巡する回路を考えると，$2.5 = 39\,\text{k}\Omega \times I_B + V_{BE}$ の関係から
$$I_B = \frac{2.5 - V_{BE}}{39\,\text{k}\Omega} = 64 - \frac{V_{BE}}{39\,\text{k}\Omega}\;\;[\mu\text{A}]$$
　　$V_{BE} = 0$ のとき $I_B = 64\,\mu\text{A}$，$V_{BE} = 1\,\text{V}$ のとき $I_B = 38\,\mu\text{A}$

　　これを図 3.24 の特性曲線上に描くと**解図 3.1** のようになる。したがって，交点 P はつぎのように読み取れる。
$$V_{BE} \fallingdotseq 0.78\,\text{V},\; I_B \fallingdotseq 44\,\mu\text{A}$$
　　一方，18 V 電源からコレクタ抵抗，V_{CE} を一巡する回路を考えると，$18 = 1.2\,\text{k}\Omega \times I_C + V_{CE}$ の関係から
$$I_C = \frac{18 - V_{CE}}{1.2\,\text{k}\Omega} = 15 - \frac{V_{CE}}{1.2\,\text{k}\Omega}\;\;[\text{mA}]$$

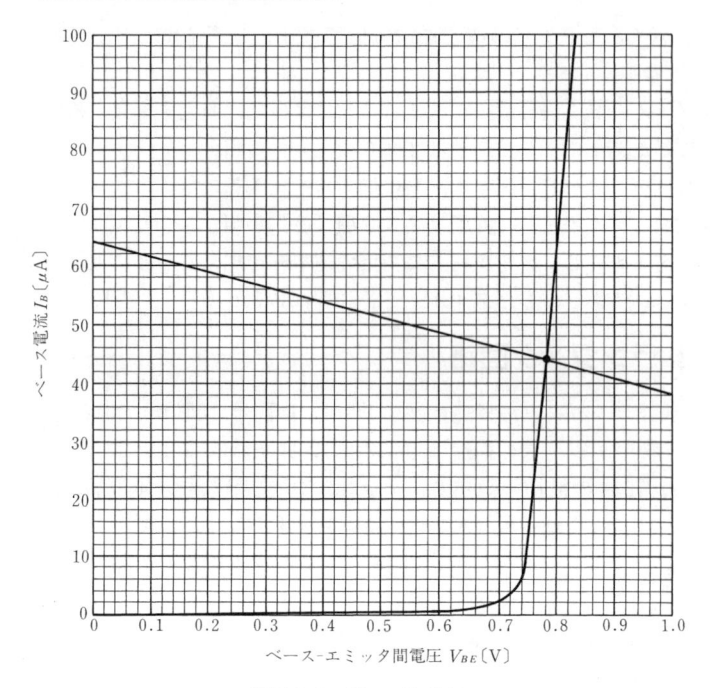

解図 3.1 V_{BE} - I_B 特性

　これを図 3.26 の特性曲線上に描くと**解図 3.2** のようになり，$I_B = 44\ \mu\mathrm{A}$ であるから，$V_{CE} \fallingdotseq 7.5\ \mathrm{V}$，$I_C \fallingdotseq 8.8\ \mathrm{mA}$ となる。

（7）（a）　$I_B = \dfrac{9 - 0.7}{220\ \mathrm{k\Omega}} = 37.7\ \mu\mathrm{A} \fallingdotseq 38\ \mu\mathrm{A}$

　　　　　　$I_C = h_{FE} \times I_B = 120 \times 37.7\ \mu\mathrm{A} = 4.52\mathrm{mA} \fallingdotseq 4.5\ \mathrm{mA}$

　　　　　　$V_{CE} = 9 - 1.2\ \mathrm{k\Omega} \times 4.5\ \mathrm{mA} = 3.6\ \mathrm{V}$

　　（b）　$3.3\ \mathrm{k\Omega} \times I_C + V_{CE} = 9$

　　　　　　$V_{CE} = 470\ \mathrm{k\Omega} \times I_B + 0.7$

　　　　　　$I_B = \dfrac{I_C}{h_{FE}}$

　　　　　この 3 式より

　　　　　　$V_{CE} = \dfrac{470\ \mathrm{k\Omega} \times I_C}{120} + 0.7 = 3.9\ \mathrm{k\Omega} \times I_C + 0.7, \quad I_C = \dfrac{V_{CE} - 0.7}{3.9\ \mathrm{k\Omega}}$

　　　　　　$3.3\ \mathrm{k\Omega} \times \dfrac{V_{CE} - 0.7}{3.9\ \mathrm{k\Omega}} + V_{CE} = 9$

　　　　　　$0.85(V_{CE} - 0.7) + V_{CE} = 9, \quad 1.85\,V_{CE} = 9 + 0.85 \times 0.7$

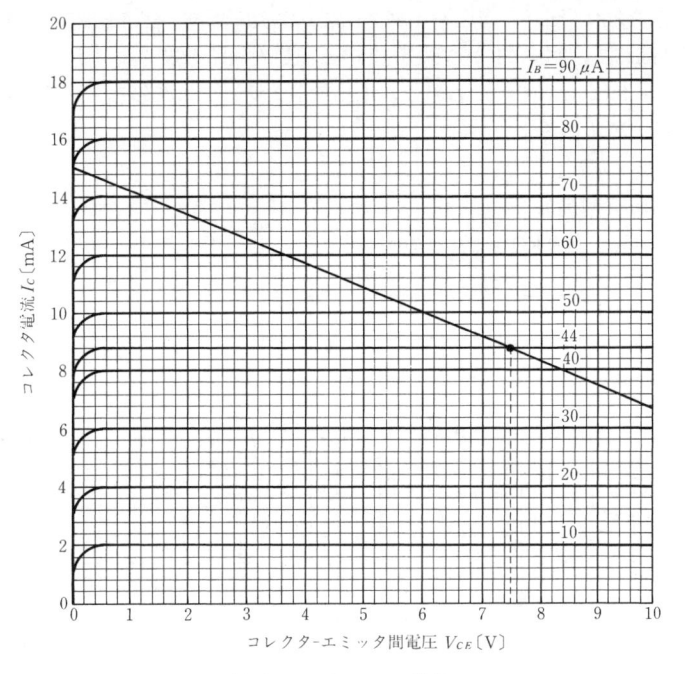

練 習 問 題 の 解 答　　131

解図 3.2　V_{CE} - I_C 特性

$$V_{CE} = \frac{9 + 0.85 \times 0.7}{1.85} = 5.2 \text{ V}$$

$$I_C = \frac{V_{CE} - 0.7}{3.9 \text{ k}\Omega} = \frac{5.2 - 0.7}{3.9 \text{ k}\Omega} = 1.15 \text{ mA}$$

（c）　ベース電圧は有効数字を考えると $I_C = I_E$

$$\frac{10}{10 + 47} \times 9 = 1.58 \text{ V}, \ 560 \times I_C = 1.58 - 0.7$$

$$I_C = \frac{1.58 - 0.7}{560} = 1.57 \text{ mA}$$

$$V_{CE} = 9 - (3.3 \text{ k}\Omega + 0.56 \text{ k}\Omega) \times 1.57 \text{ mA} = 2.9 \text{ V}$$

$560 \times I_E = 1.58 - 0.7$, $I_E = I_C + I_B$ であるから

$$I_E = \frac{I_C + I_C}{120} = \frac{121}{120} \times I_C$$

$I_C = \dfrac{120}{121}$, $I_E = \dfrac{120}{121} \times 1.57 = 1.56 \text{ mA}$ としてもよい。

(**8**) 固定バイアス回路，自己バイアス回路，電流帰還バイアス回路，ブリーダ電流バイアス回路で，図 3.11 から図 3.13 の 4 種類の回路を描く．

(**9**) field effect transistor の略で，電界効果トランジスタのこと．接合形 FET と MOS 形 FET がある．

(**10**) 図 3.14 の構造

(**11**) 図 3.15 の構造

(**12**) $12 = V_{DS} + 4.7\,\mathrm{k\Omega} \times I_D$ の関係から

$$I_D = \frac{12 - V_{DS}}{4.7\,\mathrm{k\Omega}} = 2.6 - \frac{V_{DS}}{4.7\,\mathrm{k\Omega}} \quad [\mathrm{mA}]$$

これを図 3.28 上に書くと**解図 3.3** が得られる．ここで，$V_{GS} = -0.6\,\mathrm{V}$ との交点の数値を読むと $I_D \fallingdotseq 0.85\,\mathrm{mA}$，$V_{DS} \fallingdotseq 8.0\,\mathrm{V}$ である．

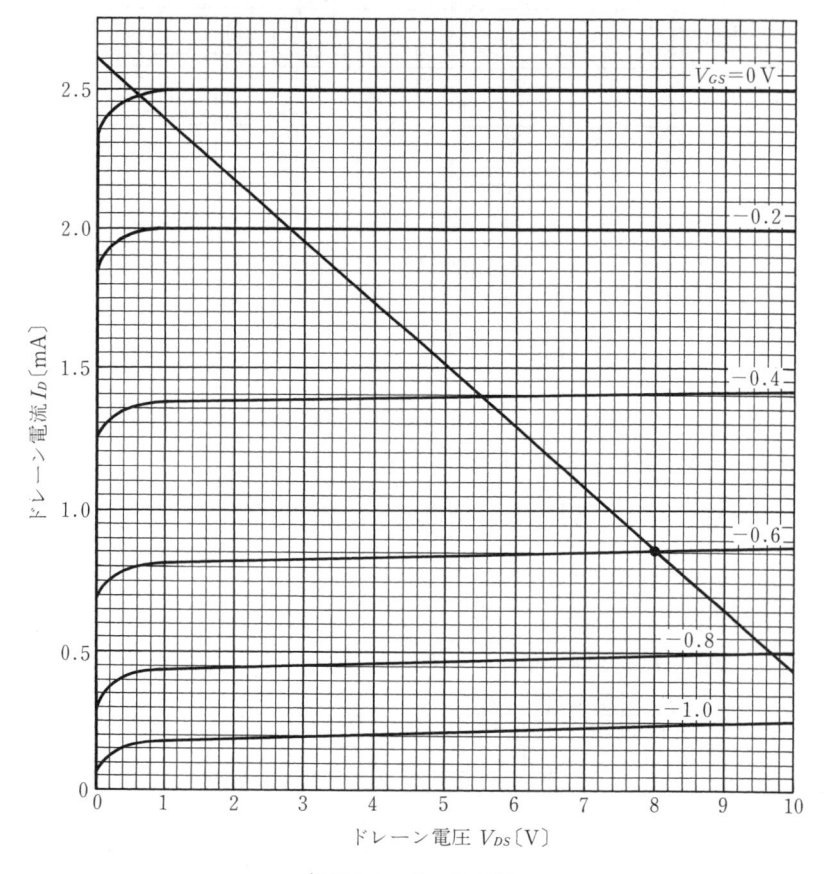

解図 3.3 V_{DS}-I_D 特性

(13) V_{GS}-I_D 特性において，$I_D = 0$ になる電圧である。左右から広がってきた空乏層が接触してチャネルがなくなり，ドレーン電流 I_D が流れなくなる。このときの V_{GS} をピンチオフ電圧という。

(14) large scale integrated circuit の略で，大規模集積回路のこと。1 000 素子以上を 1 チップ上に集積した規模の大きな集積回路。

4. 増幅回路

(1) (a) $G_V = 20 \log_{10} A_V$, (b) $G_I = 20 \log_{10} A_I$, (c) $G_P = 10 \log_{10} A_P$

(d) $G_P = 10 \log_{10} A_P = 10 \log_{10}(A_V \times A_I) = 10 \log_{10} A_V + 10 \log_{10} A_I$
$= \dfrac{G_V + G_I}{2}$

(e) $A_{VT} = A_{V1} \times A_{V2} \times \cdots \times A_{Vn}$

(f) $G_{VT} = G_{V1} + G_{V2} + \cdots + G_{Vn}$
$G_{VT} = 20 \log_{10} A_{VT} = 20 \log_{10}(A_{V1} \times A_{V2} \times \cdots \times A_{Vn})$
$= 20 \log_{10} A_{V1} + 20 \log_{10} A_{V2} + \cdots + 20 \log_{10} A_{Vn}$

(2) $20 \log_{10} 1 = 0 \mathrm{dB}$, $20 \log_{10} 10 = 20 \mathrm{dB}$
$20 \log_{10} 100 = 40 \log_{10} 10 = 40 \mathrm{dB}$
$20 \log_{10} 4 = 20 \times 2 \log_{10} 2 = 12 \mathrm{dB}$
$20 \log_{10} 20 = 20(\log_{10} 2 + \log_{10} 10) = 26 \mathrm{dB}$
$20 \log_{10} 40 = 20(\log_{10} 4 + \log_{10} 10) = 32 \mathrm{dB}$
$20 \log_{10}(1/2) = -20 \log_{10} 2 = -6 \mathrm{dB}$
$20 \log_{10}(1/\sqrt{2}) = -(1/2) \times 20 \log_{10} 2 = -3 \mathrm{dB}$

(3) $14 \mathrm{dB} = (20-6) \mathrm{dB} = 10 \div 2 = 5$, $18 \mathrm{dB} = (6+6+6) \mathrm{dB} = 2 \times 2 \times 2 = 8$
$20 \mathrm{dB} = 10$, $24 \mathrm{dB} = (12+12) \mathrm{dB} = 4 \times 4 = 16$
$26 \mathrm{dB} = (20+6) \mathrm{dB} = 10 \times 2 = 20$, $52 \mathrm{dB} = (40+12) \mathrm{dB} = 100 \times 4 = 400$

(4) h_{fe}：電流増幅率で I_B-I_C 特性曲線の傾き
h_{oe}：出力アドミタンスで V_{CE}-I_C 特性曲線の傾き
h_{ie}：入力インピーダンスで V_{BE}-I_B 特性曲線の傾き
h_{re}：電圧帰還率で V_{CE}-V_{BE} 特性曲線の傾き

(5) (a) $12 = 680 \times I_C + V_{CE}$ の関係から
$I_C = \dfrac{12 - V_{CE}}{0.68 \mathrm{k\Omega}} = 17.4 - \dfrac{V_{CE}}{0.68 \mathrm{k\Omega}}$ 〔mA〕

図 3.26 の V_{CE}-I_C 特性に上式の直線を記入すると**解図 4.1** が得られる。

これから $I_B = 50 \mu\mathrm{A}$ の特性曲線との交点を読むと $V_{CE} \fallingdotseq 5.2 \mathrm{V}$, $I_C \fallingdotseq 10 \mathrm{mA}$ である。

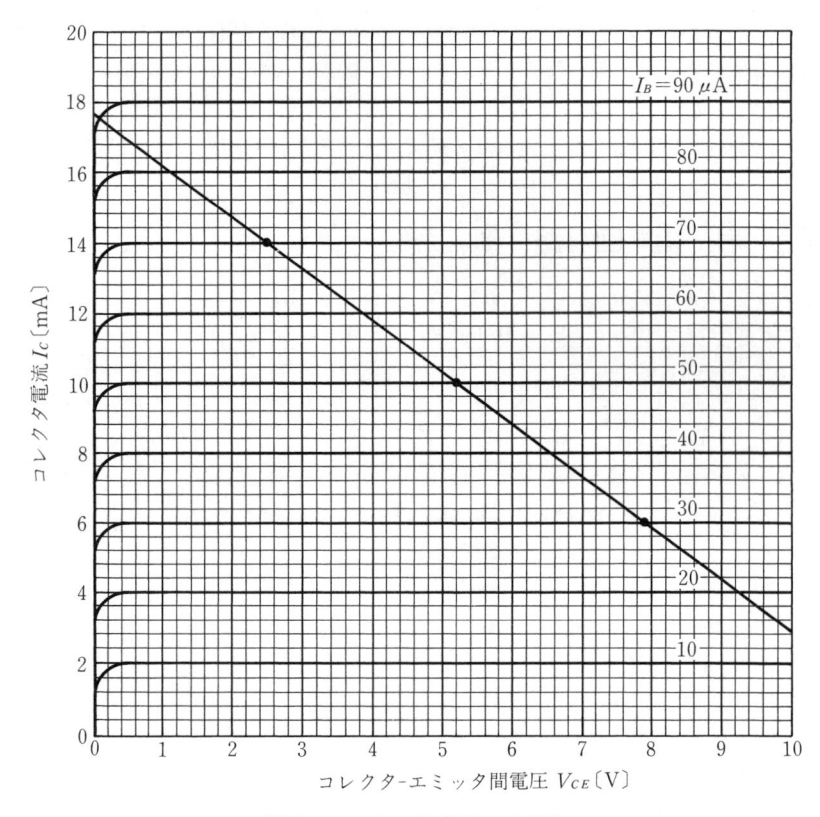

解図 4.1 V_{CE} - I_C 特性と負荷線

(b) $I_B = 50\,\mu\text{A}$ を中心として $\pm 20\,\mu\text{A}$ 変化するから，解図 4.1 から，$v_{ce} \fallingdotseq 2.5 \sim 7.9\,\text{V}$，$i_c \fallingdotseq 14 \sim 6\,\text{mA}$ 変化する。したがって，**解図 4.2** のようになる。

(c) $A_v = \dfrac{\varDelta V_{CE}}{V_B} = \dfrac{7.9 - 2.5}{10\,\text{mV}} = 540$

(6) (a) 入力信号の大きさによってトランジスタのバイアス電流 I_B が変化しないように，V_{BE} の値を一定に保つようにした抵抗で，ブリーダ抵抗という。

(b) バイアスを与えるための直流成分を遮断して，信号成分だけをトランジスタ回路に加え，また，取り出すため。

(c) 増幅された交流信号が R_E によって下がるのを防ぎ，交流のインピーダンスを下げるため。

(d) 負帰還回路を形成し，I_C や I_E を一定に保ち，回路の安定化を図るため。

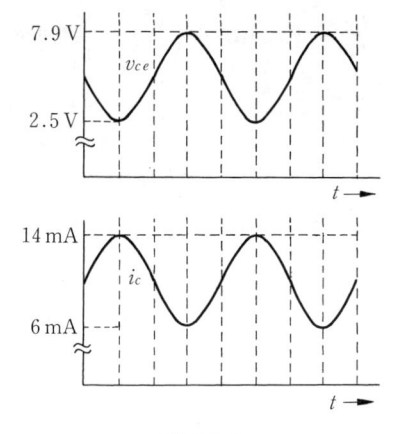

解図 4.2

(e) 交流的には R_C に R_L が並列に入ったことになるから並列抵抗 R_L' は

$$R_L' = \frac{R_C R_L}{R_C + R_L}$$

電圧増幅度 A_V は

$$A_V = \frac{V_o}{V_i}$$

ここで，$V_o = R_L' \times I_c = R_L' \times h_{fe} I_b$，$V_i = h_{ie} I_b$，したがって

$$A_V = R_L' \frac{h_{fe} I_b}{h_{ie} I_b} = R_L' \frac{h_{fe}}{h_{ie}}$$

一方

入力インピーダンス Z_i は $Z_i = h_{ie}$
出力インピーダンス Z_o は $Z_o = \infty$

回路全体では入力インピーダンス Z_{io} は $Z_i = h_{ie}$ と並列抵抗 R_1 と R_2 が並列に入ったことになるから，$R_1 \times R_2/(R_1 + R_2) = R_{in}$ とすると

$$Z_{io} = \frac{h_{ie} R_{in}}{h_{ie} + R_{in}}$$

また，回路全体の出力インピーダンス Z_{oo} は $Z_o = \infty$ と R_C が並列に入るから

$$Z_{oo} = R_C$$

である。

(f) $R_L' = \dfrac{R_C R_L}{R_C + R_L} = \dfrac{5.6\,\text{k}\Omega \times 4.7\,\text{k}\Omega}{5.6\,\text{k}\Omega + 4.7\,\text{k}\Omega} = 2.56\,\text{k}\Omega$

$$A_V = R_L' \times \frac{h_{fe}}{h_{ie}} = 2.56 \text{ k}\Omega \times \frac{170}{4.35 \text{ k}\Omega} = 100 \text{ 倍} = 40 \text{ dB}$$

$$R_{in} = \frac{R_1 R_2}{R_1 + R_2} = \frac{56 \text{ k}\Omega \times 12 \text{ k}\Omega}{56 \text{ k}\Omega + 12 \text{ k}\Omega} = 9.88 \text{ k}\Omega$$

$$Z_{io} = \frac{h_{ie} R_{in}}{h_{ie} + R_{in}} = \frac{4.35 \text{ k}\Omega \times 9.88 \text{ k}\Omega}{4.35 \text{ k}\Omega + 9.88 \text{ k}\Omega} = 3.02 \text{ k}\Omega$$

$$Z_{oo} = R_C = 5.6 \text{ k}\Omega$$

(g) コンデンサ C_1 のインピーダンスと入力インピーダンスが等しくなる周波数であるから

$$\frac{1}{\omega C_1} = Z_{io}, \quad f_{L1} = \frac{1}{2\pi C_1 Z_{io}}$$

$Z_{io} = 3.02 \text{ k}\Omega$, $C_1 = 3.3 \text{ }\mu\text{F}$ を代入すると

$$f_{L1} = \frac{1}{2\pi C_1 Z_{io}} = \frac{1}{2\pi \times 3.3 \text{ }\mu\text{F} \times 3.02 \text{ k}\Omega} = 16.0 \text{ Hz}$$

(h) バイパスコンデンサ C_E 付近の等価回路は**解図 4.3**(a)のようになる。エミッタ抵抗 R_E とバイパスコンデンサ C_E の合成インピーダンスを Z_E とすると，入力電圧 V_i は

$$V_i = I_b \times h_{ie} + I_e \times Z_E$$

ここで，$I_e \fallingdotseq I_c = h_{fe} I_b$ であるから，図(a)の等価回路は図(b)のように表される。

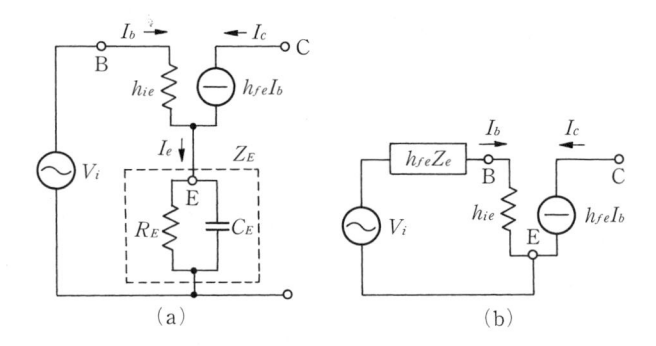

解図 4.3 コンデンサ C_E 付近の等価回路

$$V_i \fallingdotseq I_b \times h_{ie} + h_{fe} I_b \times Z_E = I_b (h_{ie} + h_{fe} Z_E)$$

ここで，$1/Z_E = 1/R_E + j\omega C_E$ であるから，Z_E を求めると

$$Z_E = \frac{R_E}{1 + j\omega C_E R_E}$$

総合のインピーダンスは

$$h_{ie} + h_{fe}Z_E = h_{ie} + \frac{h_{fe}R_E}{1 + j\omega C_E R_E}$$

$$= \frac{(h_{ie} + h_{fe}R_E) + j\omega C_E R_E h_{ie}}{1 + j\omega C_E R_E}$$

$$= \frac{h_{ie} + h_{fe}R_E}{1 + j\omega C_E R_E}\left(1 + \frac{j\omega C_E R_E h_{ie}}{h_{ie} + h_{fe}R_E}\right)$$

ここで 3 dB 低下するには $1/\sqrt{2}$ になればよい。抵抗分とリアクタンス分が等しく 1 になればよいから

$$\frac{\omega C_E R_E h_{ie}}{h_{ie} + h_{fe}R_E} = 1$$

$$\omega = \frac{h_{ie} + h_{fe}R_E}{C_E R_E h_{ie}} = \frac{1 + \dfrac{R_E h_{fe}}{h_{ie}}}{C_E R_E}$$

周波数 f_L は

$$f_L = \frac{1 + \dfrac{R_E h_{fe}}{h_{ie}}}{2\pi C_E R_E}$$

$R_E = 1\,\text{k}\Omega$, $h_{fe} = 170$, $h_{ie} = 4.35\,\text{k}\Omega$, $C_E = 47\,\mu\text{F}$ を代入すると

$$f_L = \frac{1 + \dfrac{1\,\text{k}\Omega \times 170}{4.35\,\text{k}\Omega}}{2\pi \times 47\,\mu\text{F} \times 1\,\text{k}\Omega} = \frac{1 + 39.1}{0.295} = 136\,\text{Hz}$$

（7）v_i からベースを通る回路を考えると

$$v_i = h_{ie}i_b + Z_e i_e = h_{ie}i_b + Z_e(i_c + i_b) = h_{ie}i_b + Z_e(h_{fe}i_b + i_b)$$
$$= \{h_{ie} + Z_e(1 + h_{fe})\}i_b$$

ここで，h_{ie} はエミッタ接地形トランジスタの入力インピーダンスであるから，Z_e は $(1 + h_{fe})\,Z_e$ になったことになる。

（8）図 4.17 の回路で直流成分だけを考えると C_1, C_2 のリアクタンスは無限大になるから開放となり，**解図 4.4** のようになる。

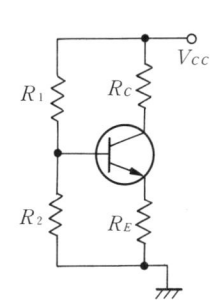

解図 4.4　図 4.17 の直流回路

ここで

$$V_{CC} = R_C I_C + V_{CE} + R_E I_E \fallingdotseq R_C I_C + V_{CE} + R_E I_C$$

$$I_C = \frac{V_{CC} - V_{CE}}{R_C + R_E} = \frac{12 - V_{CE}}{4.7\,\text{k}\Omega + 1.2\,\text{k}\Omega} = \frac{12 - V_{CE}}{5.9\,\text{k}\Omega} = 2.0 - \frac{V_{CE}}{5.9\,\text{k}\Omega} \quad [\text{mA}]$$

$V_{CE} = 0$ のとき $I_C = 2.0\,\text{mA}$, $V_{CE} = 10\,\text{V}$ のとき $I_C = 0.34\,\text{mA}$ となるから, 図 4.18 の特性曲線上にこの直線を描くと**解図 4.5** が得られる。

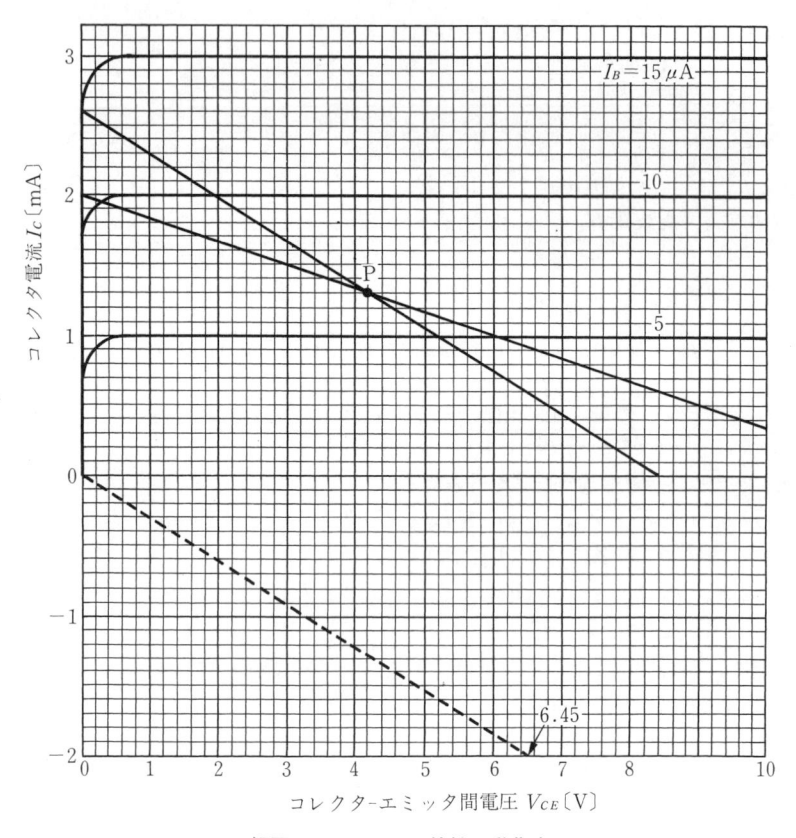

解図 4.5 V_{CE} - I_C 特性と動作点

一方, 図 4.17 の回路で交流成分だけを考えると, C_1, C_2 のリアクタンスは 0 となるから短絡となり, R_1, R_2 は並列, R_C, R_L も並列となり, **解図 4.6** となる。

R_C, R_L の並列抵抗は $R_C R_L / (R_C + R_L)$ となるから

$$v_{ce} = - i_c \frac{R_C R_L}{R_C + R_L}$$

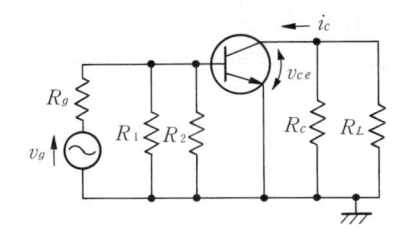

解図 4.6　RC 結合増幅回路の交流回路

$$i_c = -v_{ce}\frac{4.7\,\mathrm{k\Omega} + 10\,\mathrm{k\Omega}}{4.7\,\mathrm{k\Omega} \times 10\,\mathrm{k\Omega}}$$

$$= -0.31v_{ce}\ \mathrm{[mA]}$$

$v_{ce} = 6.45\,\mathrm{V}$ のとき $i_c = -2\,\mathrm{mA}$ となるから解図 4.5 の破線が得られる。
これを平行移動して，先の直流負荷線との交点 P が交流負荷線の中央になるときが最も大きな信号が得られるから，図より $V_{CE} \fallingdotseq 4.2\,\mathrm{V}$，$I_C \fallingdotseq 1.3\,\mathrm{mA}$ となる。

（**9**）　$\sin(\omega t + 2\pi) = \sin\omega t\,\cos 2\pi + \cos\omega t\,\sin 2\pi$

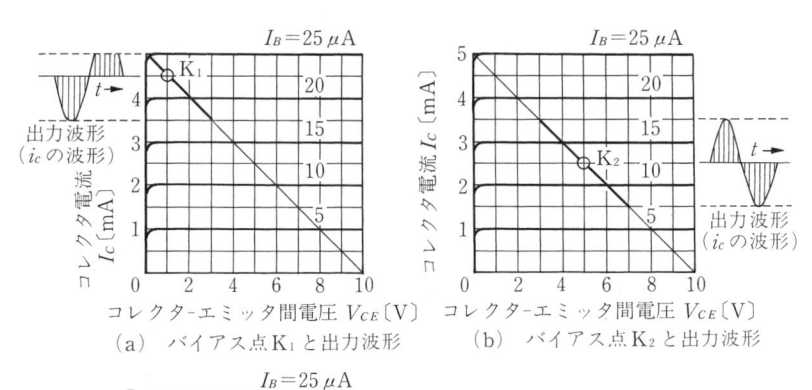

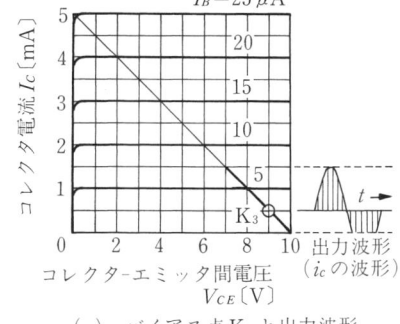

(a)　バイアス点 K_1 と出力波形

(b)　バイアス点 K_2 と出力波形

(c)　バイアス点 K_3 と出力波形

解図 4.7　V_{CE}-I_C 特性とバイアス点 K_1，K_2，K_3 における出力波形

$\cos 2\pi = 1$, $\sin 2\pi = 0$ であるから

$\sin\omega t \times 1 + \cos\omega t \times 0 = \sin\omega t$

(10) 解図 4.7(a)～(c)のようになる。図(a)では，i_b は交流負荷線のうち太線の間を動くからプラスの部分でクリップされる。図(b)では，i_b は同様に太線の間を動くからプラスマイナスともひずみなく正規の波形が得られる。図(c)では，i_b は太線の間を動くからマイナスの部分でクリップされる。

5．各種の増幅回路

(1)(a) 図 5.1 を書く。図のように，入力信号 V_i と帰還信号 V_f が逆相になるように帰還をかけた増幅回路。

(b) 周波数特性が改善される。増幅度が安定する。

(2) エミッタ抵抗 R_E が入ると解図 5.1(a)のようになる。これをベース-エミッタ間からみると図(b)のようになり，入力信号 v_i に対し，帰還入力信号 v_f は逆相になるように入力される。したがって，エミッタ抵抗は負帰還の作用がある。

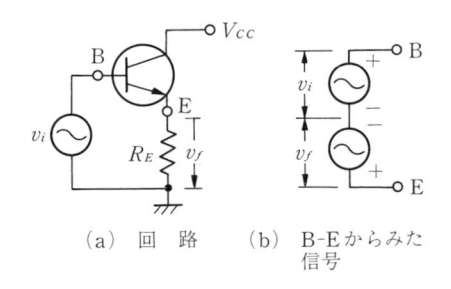

解図 5.1 エミッタ抵抗 R_E を入れた回路

(3) エミッタ抵抗の入った増幅回路の増幅度 A_T は

$$A_T = \frac{h_{fe}R_L'}{h_{ie} + (1 + h_{fe})R_E}$$

ただし，$R_L' = R_L R_2/(R_L + R_2)$ である。これらに数値を代入すると

$$R_L' = \frac{10\text{ k}\Omega \times 5.6\text{ k}\Omega}{10\text{ k}\Omega + 5.6\text{ k}\Omega} = 3.59\text{ k}\Omega$$

$$A_T = \frac{120 \times 3.59\text{ k}\Omega}{10\text{ k}\Omega + (1 + 120) \times 1\text{ k}\Omega} = \frac{430.8}{131}$$

一方，入力インピーダンス Z_i は

$$Z_i = h_{ie} + (1 + h_{fe})R_E = 10\text{ k}\Omega + (1 + 120) \times 1\text{ k}\Omega = 131\text{ k}\Omega$$

これに 10 kΩ のブリーダ抵抗が並列に入るから全体では

$$\frac{1}{Z} = \frac{1}{10\,\text{k}\Omega} + \frac{1}{10\,\text{k}\Omega} + \frac{1}{131\,\text{k}\Omega}$$

となり，$Z \fallingdotseq 4.8\,\text{k}\Omega$ となる．

(4) (a) **解図 5.2** の回路のように，コレクタを電源に接続し，エミッタ抵抗 R_E の両端から出力を取り出すようにした回路である．

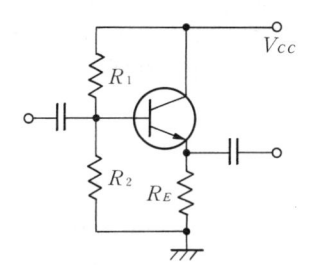

解図 5.2 エミッタホロワの一例

電圧増幅度は 1 であるが，入力インピーダンスが大きく，出力インピーダンスが小さいので，インピーダンス変換回路に用いられる．

(b) 入力インピーダンス：$h_{ie} + (1 + h_{fe})R_E$

出力インピーダンス：$\dfrac{h_{ie} + R_g}{1 + h_{fe}}$

(c) 入力インピーダンス：$h_{ie} + (1 + h_{fe})R_E = 5\,\text{k}\Omega + (1 + 120) \times 1\,\text{k}\Omega$
$$= 126\,\text{k}\Omega$$

出力インピーダンス：$\dfrac{h_{ie} + R_g}{1 + h_{fe}} = \dfrac{5\,\text{k}\Omega + 2\,\text{k}\Omega}{1 + 120} = 58\,\Omega$

(d) 交流回路を描くと**解図 5.3** のようになる．

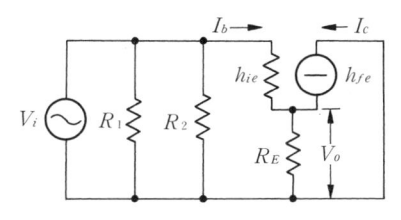

解図 5.3 エミッタホロワの交流等価回路

$V_i = h_{ie}I_b + (1 + h_{fe})R_E I_b, \quad V_o = (1 + h_{fe})R_E I_b$

これより電圧増幅度 A_v は

$$A_V = \frac{V_o}{V_i} = \frac{(1+h_{fe})R_E}{h_{ie}+(1+h_{fe})R_E}$$

ここで，$h_{ie} \leq (1+h_{fe})R_E$ であるから，$A_V \fallingdotseq 1$ となる．

(e) $A_I = \dfrac{I_o}{I_i} = \dfrac{I_e}{I_b} = 1 + h_{fe}$

(5) 図5.12(a)に示すように，特性の等しいトランジスタ2個のエミッタを共通に接続し，抵抗を介してマイナス電源に接続し，それぞれのコレクタは抵抗を介して同一のプラス電源に接続する．それぞれのベースを入力とし，コレクタを出力にした回路である．

両トランジスタの特性が等しいから同一の動作をし，雑音の影響の少ない，直流増幅ができる，負帰還がかけやすいという特徴がある．また，コンデンサを使わない直結アンプができるので，ICやLSI回路にも応用できる．

(6) 解図5.4に示すように両トランジスタの入力に $V_1 + N_1$, $V_2 + N_2$ が入るとコレクタ出力には $(V_1 + N_1) - (V_2 + N_2)$ が得られる．したがって，同一の雑音信号 $N_1 = N_2$ が加われば，雑音信号は相殺されて信号成分だけが得られる．

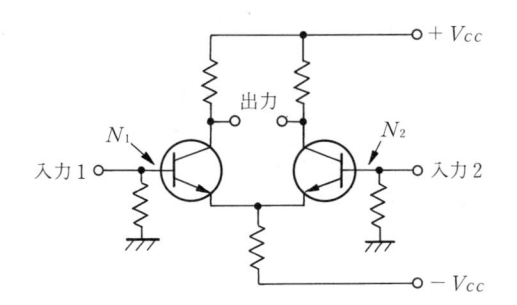

解図5.4 差動増幅器に雑音信号が入った場合

(7) $V_{CC} = R_1 I_B + V_{BE} + 2R_2 I_E$

ここで，$I_E = I_C + I_B \fallingdotseq (1+h_{fe})I_B$, $1+h_{fe} \fallingdotseq h_{fe}$ であるから

$V_{CC} = R_1 I_B + V_{BE} + 2R_2(1+h_{fe})I_B$

$\phantom{V_{CC}} = (R_1 + 2R_2 h_{fe})I_B + V_{BE}$

$I_B = \dfrac{V_{CC} - V_{BE}}{R_1 + 2R_2 h_{fe}}$

$ = \dfrac{12 - 0.6}{12\,\mathrm{k\Omega} + 2 \times 5.6\,\mathrm{k\Omega} \times 120} = \dfrac{11.4}{1\,356\,\mathrm{k\Omega}}$

$ = 8.4\,\mu\mathrm{A}$

一方

$2V_{CC} = V_{CE} + R_3 I_C + 2R_2 I_E$

$I_E \fallingdotseq I_C$ であるから

$$V_{CE} = 2V_{CC} - (2R_2 + R_3)I_C = 2V_{CC} - (2R_2 + R_3)h_{fe} \times I_B$$
$$= 2 \times 12 - (2 \times 5.6 \text{ k}\Omega + 4.7 \text{ k}\Omega) \times 120 \times 8.4 \text{ }\mu\text{A}$$
$$= 24 - 15.9 \text{ k}\Omega \times 1.008 \times 10^{-3}$$
$$= 24 - 16.03 = 7.97 \text{ V}$$

増幅度 A は

$$A = \frac{V_{o1}}{V_{i1} - V_{i2}}$$

$$V_{o1} = \frac{R_3 h_{fe}}{h_{ie}}$$

差動増幅器であるから $V_{i1} = -V_{i2}$ とすれば

$$A = \frac{V_{o1}}{V_{i1} - V_{i2}} = \frac{R_3 h_{fe}}{2 h_{ie}}$$

数値を代入すると

$$A = \frac{4.7 \text{ k}\Omega \times 120}{2 \times 5 \text{ k}\Omega} = 56.4$$

出力を二つのコレクタの間から取り出す場合にはこの 2 倍になり,$R_3 h_{fe}/h_{ie} = 112.8$ となる.

(8) (a) $\quad \beta = \dfrac{V_b}{V_o} = \dfrac{R_1}{R_1 + R_2}$

$\qquad A = \dfrac{1}{\beta} = \dfrac{R_1 + R_2}{R_1} = 1 + \dfrac{R_2}{R_1}$

(b) $\quad A = 1 + \dfrac{R_2}{R_1} = 1 + \dfrac{33 \text{ k}\Omega}{3.3 \text{ k}\Omega} = 1 + 10 = 11$ 倍

(9) (a) $\quad \beta = \dfrac{R_1}{R_2}$

$\qquad A = \dfrac{1}{\beta} = \dfrac{R_2}{R_1}$

(b) $\quad A = \dfrac{R_2}{R_1} = \dfrac{56 \text{ k}\Omega}{4.7 \text{ k}\Omega} = 11.9$ 倍

(10) ①電源効率が最大 50 % である.
　　 ②最大出力の 2 倍のコレクタ損のトランジスタを用いなければならない.

(11) ①電源効率が 78.5 % である.
　　 ②最大出力の約 0.203 倍のコレクタ損のトランジスタを用いることができる.

6. 各種の電子回路

（1） 利得条件と位相条件。

利得条件：増幅回路の増幅度を A，帰還回路の帰還率を β としたとき，$A\beta > 1$ であること。

位相条件：増幅回路の入力 V_i と帰還回路の出力 V_f が同相である。すなわち正帰還であること。

（2） 図6.1のようなブロック図を描き，発振条件（利得条件，位相条件）を書く。

（3） 図6.29(a)ハートレー発振回路，発振周波数 f は

$$f = \frac{1}{2\pi\sqrt{(L_1+L_2)C_1}}$$

図(b)コルピッツ発振回路，発振周波数 f は

$$f = \frac{1}{2\pi\sqrt{L_1 C_0}}$$

ただし

$$C_0 = \frac{C_1 C_2}{C_1 + C_2}$$

（4） 水晶振動子は直列共振周波数と並列共振周波数の間で誘導性リアクタンスを示すが，両周波数の間隔がきわめて狭いため。

（5） LC 発振回路では，静電容量 C やインダクタンス L の値が発振周波数を決めるが，温度の影響を受けてその定数が変化しやすいため。

（6）（a） $v_{CM} = (V_{CM} + v_S)\sin\omega_c t = (V_{CM} + V_{SM}\cos\omega_s t)\sin\omega_c t$
$= V_{CM}\sin\omega_c t + V_{SM}\sin\omega_c t \cos\omega_s t$
$= V_{CM}\sin\omega_c t + \frac{V_{SM}}{2}\{\sin(\omega_c+\omega_s)t + \sin(\omega_c-\omega_s)t\}$

（b） 上側帯波は $\frac{V_{SM}}{2}\sin(\omega_c+\omega_s)t$，下側帯波は $\frac{V_{SM}}{2}\sin(\omega_c-\omega_s)t$

（c） $(\omega_c+\omega_s)-(\omega_c-\omega_s) = 2\omega_s$
すなわち f_c を中心として $2f_s$

（7） $m = \frac{V_{SM}}{V_{CM}} \times 100 \quad [\%]$

（8）（a） $v_{FM} = V_{CM}\sin\left(\omega_c t + \frac{\Delta\omega}{\omega_s}\sin\omega_s t\right) \quad \Delta\omega = 2\pi\Delta f$

（b） $2(\Delta f + f_s) \quad f_s = \frac{\omega_s}{2\pi}$

（9） 図6.25のブロック図を示す。電圧制御発振器は，電圧によって発振周波数が制御される発振器で，FM信号の中心周波数の電圧を基準にし，この基準電圧より

出力電圧が大きくなると発振周波数が高く,小さいと発振周波数が低くなるような方形波出力を位相比較器に加える。位相比較器では,この方形波を適当な時間遅らせて,FM信号をスイッチングさせると,基準周波数より高いとき正の出力,低いとき負の出力が得られ,FM信号を復調することができる。

7. 画像機器への応用

（1） ホトダイオードと MOS トランジスタ
（2） 図 7.4 を描き,7.1.2 項の説明を加える。
（3） ガンマ補正はダイオードに抵抗を加えて信号を緩やかに曲げていく。これに対し,ホワイトクリップは信号を急峻にクリップする。
（4） correlated double sampling の略。
　　CCD や CMOS センサの出力に含まれる雑音を軽減するため。詳細は 7.2.1 項参照。
（5） 図 7.9 を描き,7.2.2 項の説明を加える。
（6） 図 7.10, 7.11 を描き,7.3 節の説明を加える。

索引

あ
アクセプタ　　　　　　　10
孔　　　　　　　　　　10
アナログ回路　　　　　　2

い
位相条件　　　　　　　93
位相比較器　　　　　　108
インピーダンス　　　　　5
インピーダンス変換　　　86

え
エミッタ　　　　　　　21
エミッタホロワ　　　　71
演算増幅器　　　　　　78
エンハンスメント形　　34

お
オペアンプ　　　　　　78
オームの法則　　　　　3

か
角周波数　　　　　　　60
下側帯波　　　　　　101
カットオフ周波数　　　56
可変容量ダイオード　　17
ガンマ特性　　　　　114
ガンマ補正回路　　　114

き
帰還　　　　　　　　　64
帰還信号　　　　　　　64
帰還率　　　　　　　　64
逆相増幅回路　　　　　81
逆相入力　　　　　　　80
逆方向　　　　　　　　12
キャリヤ　　　　　　　11
共振周波数　　　　　　94
キルヒホッフの法則　　　4
金属酸化膜 FET　　　　32

く
空乏層　　　　　　　　12
クランプ回路　　　　118

け
ゲート　　　　　　　　33

こ
コイル　　　　　　　　5
コルピッツ発振回路　　95
コレクタ　　　　　　　21
コレクタ損　　　　　　27
コレクタ同調発振回路　93
コンデンサ　　　　　　5

さ
最大定格　　　　　　　25
差動増幅回路　　　　　74

し
しきい値　　　　　　　13
自己バイアス回路　　　30
実効値　　　　　　　　60
遮断周波数　　　　　　66
自由電子　　　　　　　9
周波数成分　　　　　100
周波数帯域　　　　　　56
周波数帯域幅　　　56,101
周波数特性　　　　　55,65
周波数変調　　　　100,104
周波数変調回路　　　105
出力アドミタンス　　　51
出力インピーダンス　　73
出力特性　　　　　　　24
瞬時値　　　　　　　　59
順方向　　　　　　　　12
上側帯波　　　　　　101
真性半導体　　　　　　9
振幅変調　　　　　99,100
振幅変調回路　　　　101

す
水晶発振回路　　　　　96
スイッチ作用　　　　　23

せ
正帰還　　　　　　　　64
正　孔　　　　　　　　10
整流回路　　　　　　　15
整流作用　　　　11,12,109
絶縁物　　　　　　　　8
接合形 FET　　　　　　32
接合部温度　　　　　　27
全波整流回路　　　　　16

そ
相関二重サンプリング 116
相互コンダクタンス　　34
増幅度　　　　　　　　49
ソース　　　　　　　　33

た
ダイオード　　　　　　11

索 引

ち
チャネル	33
直流電源回路	108
直列接続	6

て
抵抗	5
ディジタル回路	2
定電圧ダイオード	17, 109
デプリーション形	34
電圧帰還特性	24
電圧帰還率	51
電圧制御発振器	107
電圧増幅度	49
電圧-電流特性	13
電圧保存の法則	4
電位障壁	12
電界効果トランジスタ	32
電源の安定化	109
電流帰還バイアス回路	31
電流増幅度	49
電流増幅率	51
電流伝達特性	24
電流の流れる方向	22
電流保存の法則	4
電力増幅度	49

と
動作点	15
同相増幅回路	80

A
AM	99
A級電力増幅回路	83
A級動作	83

B
B級動作	83

同相入力	80
導体	8
ドナー	10
トランジション周波数	57
トランジスタの特性	23
トランス	85
ドレーン	33

に
ニー特性	116
入力インピーダンス	51, 72
入力特性	24

ね
熱抵抗	27
熱暴走	30

は
バイアス回路	30
バイアス電圧	30
バイアス電流	30
バイポーラトランジスタ	21
発光ダイオード	18
発振の条件	92
ハートレー発振回路	95
搬送波抑圧変調回路	102
半波整流回路	16

ひ
ひずみ率	59

B級プッシュプル電力増幅回路	86

C
CDS 回路	116
CMOS 回路	38
CMOS センサ	112

ピンチオフ電圧	36

ふ
ファラド	5
負帰還	64
復調回路	103
不純物半導体	10
ブリーダ電流バイアス回路	32
ブリッジ整流回路	16

へ
平衡状態	12
並列接続	6
ベース	21
変調指数	105
変調度	101
ヘンリー	5

ほ
放熱板	27
ホトダイオード	18
ホール	10
ホワイトクリップ回路	116

り
理想ダイオード	14
利得条件	92
輪郭強調	56
輪郭補正信号	120
リング変調回路	102

D
dB	49

F
FET	32
FM	100
f_T	57

G

g_m	35

H

h_{fe}	51
h_{ie}	51
h_{oe}	51
h_{re}	51
h パラメータ	51

I

I_B-I_C 特性	24
IC	39

J

JFET	32

L

LC 発振回路	93
LED	18
LSI	39

M

MOS 形 FET	33

N

npn 形	21
n 形半導体	10
n チャネル FET	33

P

PCM	100
PLL	107
pnp 形	22
pn 接合	11
p 形半導体	10
p チャネル FET	33

R

RC 発振回路	98

S

SSB	102

V

V_{BE}-I_B 特性	24
V_{CE}-I_C 特性	24
V_{CE}-V_{BE} 特性	24
V_{DS}-I_D 特性	34
V_{GS}-I_D 特性	34

―― 著者略歴 ――

1962 年	早稲田大学第一理工学部電気通信学科卒業
1962 年	東京芝浦電気株式会社（現（株）東芝）中央研究所勤務
1976 年	工学博士（早稲田大学）
1976 年	（株）東芝総合研究所主任研究員
1991 年	（株）東芝 HD 事業推進部主幹
1994 年	電気通信大学大学院非常勤講師
1994 年	東芝 AVE(株)（現 東芝 DME(株)）勤務
2002 年	（株）オクト映像研究所 代表取締役
	現在に至る
	(1997 年～2009 年 東京工芸大学光工学科（現 光情報メディア工学科）非常勤講師)
	(2012 年 国立科学博物館産業技術史資料情報センター主任調査員（1 年間）)
1994 年	IEEE Fellow
2000 年	映像情報メディア学会 フェロー
2008 年	IEEE Life Fellow
2014 年	映像情報メディア学会 名誉会員

電子回路の基礎
Electronic Circuits

© Yasuo Takemura 2001

2001 年 11 月 30 日 初版第 1 刷発行
2018 年 2 月 10 日 初版第 12 刷発行

検印省略

著　者　竹　村　裕　夫
発行者　株式会社　コロナ社
　　　　代表者　牛来真也
印刷所　壮光舎印刷株式会社
製本所　株式会社　グリーン

112-0011　東京都文京区千石4-46-10
発行所　株式会社　コ ロ ナ 社
CORONA PUBLISHING CO., LTD.
Tokyo Japan
振替00140-8-14844・電話(03)3941-3131(代)
ホームページ　http://www.coronasha.co.jp

ISBN 978-4-339-00737-4　C3055　Printed in Japan　　　　(GT)

〈出版者著作権管理機構 委託出版物〉
本書の無断複製は著作権法上での例外を除き禁じられています。複製される場合は、そのつど事前に、出版者著作権管理機構（電話 03-3513-6969、FAX 03-3513-6979、e-mail: info@jcopy.or.jp）の許諾を得てください。

本書のコピー、スキャン、デジタル化等の無断複製・転載は著作権法上での例外を除き禁じられています。購入者以外の第三者による本書の電子データ化及び電子書籍化は、いかなる場合も認めていません。
落丁・乱丁はお取替えいたします。

電子情報通信レクチャーシリーズ

■電子情報通信学会編　　（各巻B5判）

共通

	配本順			頁	本体
A-1	(第30回)	電子情報通信と産業	西村吉雄著	272	4700円
A-2	(第14回)	電子情報通信技術史 ―おもに日本を中心としたマイルストーン―	「技術と歴史」研究会編	276	4700円
A-3	(第26回)	情報社会・セキュリティ・倫理	辻井重男著	172	3000円
A-4		メディアと人間	原島博 北川高嗣 共著		
A-5	(第6回)	情報リテラシーとプレゼンテーション	青木由直著	216	3400円
A-6	(第29回)	コンピュータの基礎	村岡洋一著	160	2800円
A-7	(第19回)	情報通信ネットワーク	水澤純一著	192	3000円
A-8		マイクロエレクトロニクス	亀山充隆著		
A-9		電子物性とデバイス	益川一哉 天川修平 共著		

基礎

B-1		電気電子基礎数学	大石進一著		
B-2		基礎電気回路	篠田庄司著		
B-3		信号とシステム	荒川薫著		
B-5	(第33回)	論理回路	安浦寛人著	140	2400円
B-6	(第9回)	オートマトン・言語と計算理論	岩間一雄著	186	3000円
B-7		コンピュータプログラミング	富樫敦著		
B-8	(第35回)	データ構造とアルゴリズム	岩沼宏治他著	208	3300円
B-9		ネットワーク工学	仙田石村正和 田野裕 共著 中敬介		
B-10	(第1回)	電磁気学	後藤尚久著	186	2900円
B-11	(第20回)	基礎電子物性工学 ―量子力学の基本と応用―	阿部正紀著	154	2700円
B-12	(第4回)	波動解析基礎	小柴正則著	162	2600円
B-13	(第2回)	電磁気計測	岩﨑俊著	182	2900円

基盤

C-1	(第13回)	情報・符号・暗号の理論	今井秀樹著	220	3500円
C-2		ディジタル信号処理	西原明法著		
C-3	(第25回)	電子回路	関根慶太郎著	190	3300円
C-4	(第21回)	数理計画法	山下信雄 福島雅夫 共著	192	3000円
C-5		通信システム工学	三木哲也著		
C-6	(第17回)	インターネット工学	後藤滋樹 外山勝保 共著	162	2800円
C-7	(第3回)	画像・メディア工学	吹抜敬彦著	182	2900円

	配本順			頁	本体
C-8	(第32回)	音声・言語処理	広瀬啓吉著	140	2400円
C-9	(第11回)	コンピュータアーキテクチャ	坂井修一著	158	2700円
C-10		オペレーティングシステム			
C-11		ソフトウェア基礎	外山芳人著		
C-12		データベース			
C-13	(第31回)	集積回路設計	浅田邦博著	208	3600円
C-14	(第27回)	電子デバイス	和保孝夫著	198	3200円
C-15	(第8回)	光・電磁波工学	鹿子嶋憲一著	200	3300円
C-16	(第28回)	電子物性工学	奥村次徳著	160	2800円

展開

	配本順			頁	本体
D-1		量子情報工学	山崎浩一著		
D-2		複雑性科学			
D-3	(第22回)	非線形理論	香田徹著	208	3600円
D-4		ソフトコンピューティング			
D-5	(第23回)	モバイルコミュニケーション	中川正雄 大槻知明 共著	176	3000円
D-6		モバイルコンピューティング			
D-7		データ圧縮	谷本正幸著		
D-8	(第12回)	現代暗号の基礎数理	黒澤馨 尾形わかは 共著	198	3100円
D-10		ヒューマンインタフェース			
D-11	(第18回)	結像光学の基礎	本田捷夫著	174	3000円
D-12		コンピュータグラフィックス			
D-13		自然言語処理	松本裕治著		
D-14	(第5回)	並列分散処理	谷口秀夫著	148	2300円
D-15		電波システム工学	唐沢好男 藤井威生 共著		
D-16		電磁環境工学	徳田正満著		
D-17	(第16回)	VLSI工学 ―基礎・設計編―	岩田穆著	182	3100円
D-18	(第10回)	超高速エレクトロニクス	中村徹 三島友義 共著	158	2600円
D-19		量子効果エレクトロニクス	荒川泰彦著		
D-20		先端光エレクトロニクス			
D-21		先端マイクロエレクトロニクス			
D-22		ゲノム情報処理	高木利久 小池麻子 編著		
D-23	(第24回)	バイオ情報学 ―パーソナルゲノム解析から生体シミュレーションまで―	小長谷明彦著	172	3000円
D-24	(第7回)	脳工学	武田常広著	240	3800円
D-25	(第34回)	福祉工学の基礎	伊福部達著	236	4100円
D-26		医用工学			
D-27	(第15回)	VLSI工学 ―製造プロセス編―	角南英夫著	204	3300円

定価は本体価格+税です。
定価は変更されることがありますのでご了承下さい。

図書目録進呈◆

電気・電子系教科書シリーズ

(各巻A5判)

- ■編集委員長　高橋　寛
- ■幹　　　事　湯田幸八
- ■編集委員　江間　敏・竹下鉄夫・多田泰芳
  中澤達夫・西山明彦

配本順		書名	著者	頁	本体
1.	(16回)	電気基礎	柴田尚志・皆藤新二 共著	252	3000円
2.	(14回)	電磁気学	多田泰芳・柴田尚志 共著	304	3600円
3.	(21回)	電気回路Ⅰ	柴田 尚志 著	248	3000円
4.	(3回)	電気回路Ⅱ	遠藤 勲・鈴木靖純 編著 吉澤昌純・福村雄一郎・隆矢己之彦・吉拓和彦・高田明二 共著	208	2600円
5.	(27回)	電気・電子計測工学	西山明彦・西平 鎮 共著	222	2800円
6.	(8回)	制御工学	下奥正幸・青木立幸 共著	216	2600円
7.	(18回)	ディジタル制御	西堀俊次 著	202	2500円
8.	(25回)	ロボット工学	白水俊次 著	240	3000円
9.	(1回)	電子工学基礎	中澤達夫・藤原勝幸 共著	174	2200円
10.	(6回)	半導体工学	渡辺英夫 著	160	2000円
11.	(15回)	電気・電子材料	中澤・澤山・藤原 共著 押森・田山・服部	208	2500円
12.	(13回)	電子回路	須田健二・土田英一 共著	238	2800円
13.	(2回)	ディジタル回路	伊原充博・若海弘夫・吉澤昌純 共著	240	2800円
14.	(11回)	情報リテラシー入門	室賀 進・山下 厳 共著	176	2200円
15.	(19回)	C++プログラミング入門	湯田幸八 著	256	2800円
16.	(22回)	マイクロコンピュータ制御プログラミング入門	柚賀正光・千代谷慶 共著	244	3000円
17.	(17回)	計算機システム(改訂版)	春日健・舘泉雄治 共著	240	2800円
18.	(10回)	アルゴリズムとデータ構造	湯田幸八・伊原充博 共著	252	3000円
19.	(7回)	電気機器工学	前田勉・新谷邦弘 共著	222	2700円
20.	(9回)	パワーエレクトロニクス	江間 敏・高橋 勲 共著	202	2500円
21.	(28回)	電力工学(改訂版)	江間 敏・甲斐隆章 共著	296	3000円
22.	(5回)	情報理論	三木成彦・吉川英機 共著	216	2600円
23.	(26回)	通信工学	竹下鉄夫・吉川英夫 共著	198	2500円
24.	(24回)	電波工学	松田豊稔・宮田克正・南部幸久 共著	238	2800円
25.	(23回)	情報通信システム(改訂版)	岡田裕・桑原史夫・植松友史 共著	206	2500円
26.	(20回)	高電圧工学	植月唯夫・松原孝史・箕田充志 共著	216	2800円

定価は本体価格+税です。
定価は変更されることがありますのでご了承下さい。

◆図書目録進呈◆